U0066123

巴黎斐杭狄法國高等廚藝學校

經典廚藝聖經 I

FERRANDI

L'ÉCOLE FRANÇAISE DE GASTRONOMIE

●

PARIS

文字編輯：Michel Tanguy

攝影： Éric Fénot

風格設計：Delphine Brunet,Émilie Mazère

Anne-Sophie Lhomme,Pablo Thiollier-Serrano

大境文化

Édito
編者的話

在此獻上《FERRANDI斐杭狄法國高等廚藝學校》的『經典廚藝聖經』。

這是一本食譜書，就像書店架上爲數眾多的那些？我們不這麼認爲，也不希望如此，這本書不只是食譜配方。

書中當然包含了食譜(143道)，但對於充滿熱情的料理人，不論是經驗豐富的愛好者、還是選擇學習這項技藝的年輕廚師，我們都希望能爲他們提供更多：按照步驟進行的技巧手勢、專業人士的建議、主廚的「訣竅」，與紮實的基礎。而本書的獨到之處，在於以巴黎《FERRANDI斐杭狄法國高等廚藝學校》的教育方式進行教學，不論是法國國內還是世界各地的讀者，都能猶如親臨學校學習法國高等廚藝一般。

我們的教學方式經得起考驗；成功的畢業生、同業的認可和最出色主廚的支持，都可做爲證明，更別提這間學校的歷史已經超過90年！ 90年的歷史，或者說傳統的專業技術和創造力，構成了一種和諧。

在巴黎FERRANDI斐杭狄，技術和美食史的學習一樣重要。在瞬息萬變的世界裡，有些領域，例如手工的技術，必須按部就班進行，在能夠自行譜曲之前，還是得先跟著老師學習普通樂理。

這就是爲何您將在本書中看到，同一道食材依照對基本技術的掌握，和個人的進步而定，可能會有不同的詮釋或組合。

當然，依循「過往經驗a priori」的需求—時代的氛圍、流行(退流行)…當然會比較容易，但「追求容易並非斐杭狄的風格」。學生們(包括成人進修)想要創造、革新、「當設計師」。若沒有穩固的理念和不妥協的態度，不可能造就出一間被視爲國際標準的高等廚藝機構。我們教育方式的核心就在於，能夠將有條理的技藝學習，和對實作的嚮往，與個人的表達相結合，而且不會令人感到煩悶。

努力不會白費。我們的原則已發揮功效，在這裡培訓的學生們，會自豪的自稱爲「FERRANDIENS斐杭狄人」。

在巴黎FERRANDI斐杭狄，擁有令人難以置信的機會：我們熱愛這一行(其實這裡所說的行業應該是複數…)！不論是教育、還是主廚，都密切相關。確確實實對這兩個行業都充滿熱情。

記者們經常問我讓巴黎FERRANDI斐杭狄成爲權威機構的「祕訣」是什麼。我毫不遲疑地回答—就是教學！這個無形的資產，然而在這「成功祕訣」裡，還是有一個無法輕易說明，但卻極其重要的部分。事實上，在將一本食譜編纂成冊的製作過程中，若沒有投入靈魂，那這本書會變成什麼？

這正是我們在食譜中沒有提到，但卻是幫助巴黎斐杭狄建立名聲，參與培訓者個人的體會。或許有一天您能親自前來我們的廚房裡探索…

本書的製作，我必須要感謝巴黎斐杭狄的合作夥伴，特別是Audrey JANET，她以無比的耐心和效率提供協助，以及學校裡的主廚，他們以團隊合作的方式，課後聚在一起擬定本書的內容：Jérémie BARNAY、Emmanuel HENRY、Frédéric MIGNOT、Benoît NICOLAS、Eric ROBERT和Antoine SCHAEFERS。

我衷心感謝所有才華洋溢的主廚、朋友、校友、副教授、諮詢委員會(Conseil d'Orientation)的成員們，毫無保留地同意提供食譜。他們的支持對我們而言相當寶貴，而他們也是巴黎斐杭狄教育中非常重要的環節：Amandine CHAIGNOT、Adeline GRATTARD、Anne-Sophie PIC、François ADAMSKI、Yannick ALLENO、Frédéric ANTON、Pascal BARBOT、Alexandre BOURDAS、Michel BRAS、Eric BRIFFARD、Alexandre COUILLON、Jean COUSSEAU、Arnaud DONCKELE、Alain DUTOURNIER、Philippe ETCHEBEST、Guillaume GOMEZ、Gilles GOUJON、Eric GUERIN、William LEDEUIL、Bernard LEPRINCE、Régis MARCON、Thierry MARX、Philippe MILLE、Olivier NASTI、François PASTEAU、Eric PRAS、Emmanuel RENAUT、Olivier ROELLINGER、Michel ROTH和Christian TETEDOIE。

Bruno de Monte, 巴黎斐杭狄法國高等廚藝學校校長

Sommaire
目錄

FERRANDI
L'ÉCOLE FRANÇAISE DE GASTRONOMIE
PARIS
FERRANDI
PARIS

FERRANDI Paris, l'école française de gastronomie

巴黎斐杭狄：法國高等廚藝學校

巴黎斐杭狄的歷史始於1920年代。巴黎與巴黎大區工商會（Chambre de commerce et d'industrie de Paris Ile-de-France）設立了一間技術職業學校。計畫是培訓年輕人成為合格的屠夫、肉品商、廚師、香料商、麵包師和糕點師。

透過技術職業學校一詞，斐杭狄的理念回歸至學校傳承的基因，也因而成為享譽國際的學校。培訓人數由100名學生開始，並配置12名教授，其中6名負責技術教育，其餘則是一般教育。1958年設址於巴黎第六區，尚·斐杭狄路（rue Jean Ferrandi）11號，後來又增加了兩項新的技職行業：餐飲服務與水產商。

1970年代初期，學校結合了職業培訓中心（Centre de Formation des Apprentis, CFA）。新的組織象徵著重大的轉捩點，首創建教合作模式—編制800名的學生，在校上課與在企業中活動進行輪替。這樣的教育模式始終是斐杭狄DNA的一部分，並藉此與專業人士建立極具價值的良好關係。

10年後，始終為料理界先驅的巴黎與巴黎大區工商會（CCI de Paris Île-de-France）在學校內部創立了一種獨特的培訓課程，目標是訓練出具高等廚藝，未來「企業的領導主廚chefs-chefs d'entreprise」。課程結合了企業管理和廚藝專長等雙重能力，讓錄取者做好創作或讓餐飲業重振旗鼓的準備。2001年設立的「餐廳管理人Manager de restaurant」選項，讓課程內容更加豐富。30年來持續的「學士Bachelor」課程，至今仍是斐杭狄的標準文憑，在專業人士和希望經過培訓後投身料理界的人們眼中也是如此。自1920年以來，斐杭狄已培育出好幾代的料理主廚、甜點主廚、麵包師、飯店老闆、餐廳的經理和管理人，以及數十位的企業領導者。

2014年，1300名擁有職業任用證書（CAP）或碩士（Bac ＋5）文憑的學生，經常穿梭在斐杭狄校區的走道，其中200名學生屬於國際組（以英語授課）；每年更有2000名的成人選擇參加進修課程。不論是課程等級、特色、類型、職別的幅度之廣，構成斐杭狄的獨特之處，更展現專業及豐富的人材資源。

L'ÉCOLE DE L'EXCELLENCE
卓越的學校

在斐杭狄註冊的學生，不論是法國人還是來自其他國家，都是因學校的卓越慕名而來。他們知道這裡的課程都是由高水準的教授授課，教授們來自知名餐廳，有些還擁有法國最佳職人（MOF）的頭銜，都是學校以最高標準的嚴格篩選過程招募而來，而且這些教授在該領域至少都擁有十年以上的實戰經驗。求職者充分瞭解學校的嚴格要求，展現出他們對於傳授專業技術的強烈渴望。他們同時也因為抱持著相同的想法，贊同學校特有的理念而來。除了這支經過精挑細選的內部精英部隊以外，還有合作的教授、美食界的知名人士、法國最佳職人和米其林廚師、著名的料理主廚和甜點主廚，也

爲「大師課程Masterclass」的推動貢獻時間與心力。在培訓課程中邀請全世界的主廚前來，透過他們的參與，有助於打開通往全世界美食的大門。這些主廚、料理界的領導人物，都讓斐杭狄令人驕傲的教學陣容變得更加堅強，不會相形失色，反倒大大地增添了光彩。基礎培訓課程的老師、負責國際組的專任老師、高等課程或進修教育的老師們，都滿懷熱情且眞誠地全心投入，並以認眞的態度、慷慨不藏私地讓高品質教育至今仍不斷進化。

UN LIEN FORT ENTRE L'ECOLE ET L'ENTREPRISE
學校與企業間的強力連結

這些和斐杭狄親近的教授們，也確保了學術界和業界之間的連結。這樣的關係是學校重要的成分，也是學生成功的關鍵之一。學生在業界專業人士的餐廳裡實習或建立最初的經驗，這些專業人士正因其嚴格的要求、才華和專業技術而聞名。

UNE ECOLE AUX FORMATIONS PLURIELLES
多元培訓的學校

巴黎斐杭狄的重要課程：「學士Bachelor」學位也在波爾多(Bordeaux)開課，如今成爲學校的代表性課程，但本機構也以許多受人推崇的培訓進修課程著稱。同一地點還可與廚師、麵包師、糕點師、飯店老闆、侍者、餐廳主管擦身而過，這些專業人士來到繼續進修的環境裡或增長知識，或報名參加「訓練周Training Weeks」的強化培訓進修課程。

因此，多元與多樣化這兩個詞，正是斐杭狄的完美寫照。斐杭狄是唯一一所歡迎大學畢業的年輕人前來培訓成爲專業廚師、麵包師或糕點師，同時也開放讓持有職業任用證書或職業類會考文憑的專業人士，報名進修專業文憑或職業任用證書相關課程以充實學識的學校；讓受高等教育(法國高級技術文憑BTS、學士、高級甜點課程Programme supérieur de pâtisserie或碩士Mastère spécialisé)的青年、準備轉業的成人、和專業人士，齊聚在此進修，我們以此自豪。在學員編制中還加入了外國學生，他們爲了學習「法式」料理、追求精進廚藝，或甜點的基礎知識與技術而來，全世界只有在巴黎斐杭狄。

UNE ECOLE QUI EVOLUE
不斷演化進步的學校

巴黎斐杭狄的獨到之處就是它不斷演化進步的能力。例如進修教育便致力於創新潮流，並針對渴望將自身技術提升至某個境界的餐飲業專業人士、個體經營者、業界人士、中小企業或大集團，推出符合他們期待的課程；訓練課程甚至可以量身打造，在某些情況下，教授也能到店教學。

學校與業界的緊密接軌，讓學校得以和專業人士持續保持聯繫，因此能夠聆聽他們的需求，並順應需求進行調整。

UNE ECOLE OUVERTE SUR LE MONDE
對世界開放的學校

巴黎斐杭狄自詡屬於法國高等廚藝學派偉大文化傳統的一部分，也以此知名。如同一名畫家可能屬於義大利或佛萊明學派的一分子。然而，這與傳統緊緊相依的關係並未使學校故步自封。斐杭狄不斷進化，並適應新的技術、新的飲食潮流以及餐飲趨勢，同時對全世界的料理文化開放。定期有海外

的教授前來傳授他們的知識並分享他們的料理傳統；也經常有外國的主廚到法國來進修，然後回到自己的國家裡發光發熱。

UNE ECOLE OUVERTE SUR LE MONDE
引領創作的學校

巴黎斐杭狄首要扮演的角色：傳授基本知識—美食的「入門原理」，但絕不僅如此。一旦確定學生已習得了基礎（沒有基礎便無法創作出穩定的作品），學校就會在課程中爲學生提供創造、思考的時間，接著聆聽他們的提議，讓他們能夠具體展現對料理的想法並實踐。

此外，在斐杭狄「料理創意研討會Atelier de creativite culinaire」中，除了業界主廚們，更透過召集各界專家，包括經濟學家、歷史學家、藝術家和心理學家…等集思廣益，探討與創意相關的研究主題。研究成果發表在年度期刊《Table Ouverte》中，並應用在教學。

DES EQUIPEMENTS SUR MESURE
量身打造的設備

巴黎斐杭狄享有位於巴黎市中心的地利之便。位於蒙帕納斯區（Montparnasse）與聖日耳曼德佩區（Saint-Germain-des-Prés）之間，樂蓬馬歇百貨公司（Bon Marché）近在咫尺，學校佔地25000平方公尺，擁有完全符合料理領域的需求，與其教育機構的設備。除了用來教授理論課的教室外，學生還可使用25間包括料理、甜點、熟食和麵包的實驗室，2間對外開放的應用餐廳，1間葡萄酒工藝實驗室，1間梯形教室，1間備有參考著作、期刊和雜誌的資料中心，讓學生們能夠掌握時事和料理界的趨勢。

LES RESTAURANTS D'APPLICATION
應用餐廳

若不實際操作，理論便毫無用處，巴黎斐杭狄理所當然設有應用餐廳，讓未來的專業人士能夠在眞實的條件下，練習他們的職能。「Le Premier」餐廳，保留給持有CAP、職業高中會考證書（Bac professionnel）和BTS的學生，定位爲傳統餐廳。4樓的「Le 28」餐廳，是進行偏向美食學研究的地方，讓學士課程的學生們可以同時在課堂和廚房裡表現。供餐的品質說明了這些明日之星的才華，而他們所推出的創意料理，食客們也認爲具有星級水準。

LES PARTENARIATS
合作關係

爲了使教學更完善，並爲學生的環境盡可能提供最多的機會和開放性，巴黎斐杭狄與知名機構締結了許多重要的合作關係，他們的加入能夠豐富與料理工作相關的文化。在這樣的背景下，位於圖爾（Tours）的拉伯雷大學（Université François Rabelais）教授美食學、農產品、餐桌藝術的歷史和味道社會學；蘭斯高等藝術設計學校（Institut supérieur des arts et du design de Reims）展現烹飪設計；法國時尚學校（Institut français de la mode）負責激發學生的創意；更與巴黎高等商業研究學校（HEC Paris）合作，以培養學生的企業家精神。既然實作爲關鍵的一環，本校與GOBELINS影像學校締結了獨特的合作關係，成立烹飪攝影工作坊—結合烹飪與攝影。

爲了讓學生能夠積極參與專業職場的生活，斐杭狄和主要的職業協會：法國烹飪大師協會(Maîtres cuisiniers de France)、法國餐飲烹飪學校(Académie culinaire de France)、法國最佳職人協會(Société des meilleurs ouvriers de France)、餐飲與經營主管俱樂部(Club des directeurs de la restauration et de l'exploitation)、法國廚師協會(Association des cuisiniers de la république)、法國國家廚藝學會(Académie nationale de cuisine)、歐洲首席廚師協會(Euro-Toques)等…維持著密切的合作關係。學生們也經常參予由斐杭狄籌辦的烹飪比賽，以及各機構的活動：法式餐飲俱樂部(club de la table française)的會員餐點、法國總統新年致辭等。

本校以榮譽培育出的畢業生，具備公民意識、寬容、慷慨等美德，也包括團結與行善。

LA MAISON DES CHEFS

主廚之家

若學生願意參與不同的挑戰，巴黎斐杭狄一直都是重要職業競賽的接待單位。每年約需安排80場類似MOF法國最佳職人(Meilleur Ouvrier de France)的比賽考核。

LE CONSEIL D' ORIENTATION

導師會議

學校的導師會議由世界上摘下最多米其林星星的主廚喬埃·侯布雄(Joël Robuchon)主持，爲課程的品質和機構的運作提供了保障。28位甜點主廚、廚師、麵包師和美食界相關人士齊聚一堂，一同交流、思考並討論業內相關，科技與藝術的技術演化。極高水準的專業人士集會是本校特有的活動，使巴黎斐杭狄成爲獨一無二的技職機構。

LE CONSEIL D' ETABLISSEMENT

機構理事會

這是學校的管理委員會。由喬治·納圖(Georges Nectoux)主持，並由巴黎大區26位企業的領導主廚所組成，成員由巴黎工商會選出，這些成員與管理團隊合作，注定要爲斐杭狄鋪設一個美好的未來。

UNE JOURNEE A FERRANDI Paris

巴黎斐杭狄的一天

第一批學生很早就來到學校。才剛六點，麵包師傅和糕點師傅已經開始忙碌。從通過學校前面幾道大門開始，斐杭狄的多元性便展露無遺。這天早上，一組轉業的成人正在以麵包店的規格製作麵包，以便日後經營自己的店。爲了讓他們的案子能夠獲得受理，候選人的職業計畫會經過審慎的分析，而動機就是許可的關鍵，唯獨專業可確保成功。斐杭狄標榜驚人的考試合格率，因爲在受訓的全體學員中，有97%的考試合格率，而93%的人在6個月的時間內就能找到工作。在第一批學生忙著製作麵包的同時，隔壁房間裡年輕的臉龐，背景完全不同。團團圍在剛出爐的維也納麵包(viennoiseries)旁，這些是CAP培訓課程附屬麵包店的學徒，已持有CAP(糕點或料理)或BAC Pro Cuisine(專業料理)文憑的人，也前來完成他們的培訓並充實他們的技能，最重要的就是學習與實踐。應用餐廳所供應的大部分產品都已經被預訂，其餘將提供給餐廳的客人，或是在早上賣給學生。

在稍遠的中庭，這裡的情況又更爲不同，講的已非同一種語言。這裡必須講英文，目的是讓加拿大人、科威特人和台灣人能夠彼此對話，尤其是當負責以英語授課的教授，傳授法式糕點的基礎知識，讓不同國籍的學生們能夠理解教授的上課內容。在5個月的時間裡，這些外國學生習得法式糕點的精神、基礎知識和技術，接下來他們能夠在糕點實驗室或餐廳裡擔任要角，甚至是開店。入學的學生若希望能在此安頓，或是將他們的所學帶著「法國製造」的認證回到自己的國家工作，首選就是到斐杭狄註冊，因爲本校享有一揚名國際的盛名—也因爲實習的時間長，得以增長見聞，並在經過一段時間歷練後能夠融入法國的企業。這些在「以英語授課」的課程中展露無遺。

參訪繼續來到鄰近的廚房，當天的廚房爲了連續3天的專業人士培訓而佈置，具「bistronomique小酒館」風格等主題。在對面的建築物裡，年輕的糕點學徒正在製作巧克力。穿越幾公尺長的庭院，打開大門拾級而上，您現在來到了教授理論課的教室前…接著出現在眼前的是另一個廚房，時間接近上午的尾聲，泰國、澳洲和英國的學生，在以英語授課的教授專注的指導下，正在製作鮭魚的菜餚。

午餐的休息時間在「Le Premier」餐廳裡度過。顧客就座，準備讓面帶笑容且熱情的年輕學生服務，他們在餐廳內教授專注的眼神下動作，教授們也不忘盡力爲訓練和進步提供建議。廚房裡重複著同樣的流程，學生烹飪，教授監督。他們對烹調以及擺盤提出建議，讓學生得以展現出儼然專業人士的模樣。

傍晚來到5樓，幾名學士學生協助一位知名甜點師傅進行他所教授的「Masterclass大師課程」，其他學生則準備當晚將在「Le 28」餐廳供應的晚餐。當週的「chefs主廚」學生及其教授進行最後的佈置和調整。隨著時間到來，顧客將入坐，以平實的價格愉快地享用高級餐飲。至於學生們，在進行服務時，也是他們必須爭取的考試成績之一。

晚上11點，學士班的應用餐廳「Le 28」剛經過人聲鼎沸餐飲服務的洗禮，此時的校園非常寧靜…最後的顧客離開餐廳，廚房裡正在清理「coup de feu開火」的痕跡，學生們明顯的一臉倦容，但他們在經營餐廳時的笑容說明了對剛剛達成的服務相當滿意。和教授交換一些意見，分享感想，並對晚餐進行分析，這時也是返家的時刻，隔天又是全新的開始，持續而明快的日常節奏。

LE LIVRE
關於本書

現在您對《FERRANDI斐杭狄法國高等廚藝學校》已有更深入的瞭解。翻閱本書將讓您理解一間被全世界奉爲「圭臬」的機構，所採行的教育訓練。受到學士課程的教育所啓發，這些食譜將讓您如受訓學生般進步。依您的專長或經驗而定，可嘗試看起來最符合您能力的等級。等級1適合經驗較不足的學習者；等級2則適合已獲得認證的廚師；等級3需對烹飪技術有完美的掌握，以執行由傑出主廚—斐杭狄過去的畢業生、導師或副教授會議成員的著名食譜。可以確定的是，無論您的程度如何，請跟隨自己的慾望、樂趣，挑戰看起來似乎「複雜」，甚至是品嚐偉大主廚的獨創食譜。

LA CUISINE ET LA TECHNIQUE

料理與技術

若說料理是一段關於熱情和愛的歷史，其中也帶點技術的部分。將番茄去皮，切成brunoise小丁或mirepoix骰子塊；將魚去骨，取下filet魚片；處理家禽；分切兔肉；將胡蘿蔔切成tourner橄欖狀，或是將柑橘類水果削皮，將基本廚藝透過一個個詳盡的步驟、接著進入關鍵技巧，傳授正確的手法，完美掌握廚藝的基石。藉由這些技巧的步驟圖解，您能獲得向實作邁進的建議與指引，同時也能理解成功完成這些食譜的訣竅。

LES TABLES RONDES

圓桌會議

斐杭狄會針對不同的主題展開圓桌會議：依選擇的主題提供建議、資訊，討論關於食材的保存，並依食材的用法、季節特性提供烹飪的訣竅。學校的教授們經過討論並匯整出這些資料，希望能夠傳達給您，並和您分享他們部分的知識和專門技術。您也能從本書中找到關於如何選擇食材、保存食材的實用內容，以及如何善用這些食材的一些建議與訣竅。

L'ESPRIT

精神

沒有好的食材，就不會有好的料理，這是斐杭狄的教授們一再強調的重點。季節性也不能違抗，沒有例外！肉類、魚類、海鮮和甲殼類、水果和蔬菜，只有當季才能展現出最佳品質，這是必須遵守的首要原則。此外，您也能在本書的最後找到適合各季節製作的食譜，只需耐心等到適當的時期，就能大展身手並大快朵頤。

FERRANDI
L'ÉCOLE FRANÇAISE DE GASTRONOMIE
PARIS

LES FONDS, JUS, GLACIS ET SAUCES

高湯、原汁、蔬菜濃縮液和醬汁

Les sauces
醬汁

巴黎斐杭狄的主廚認爲，醬汁展現出法國料理的精神與特色。若能掌握這項複雜的技術，就能提升料理的層次。

DEFINITION 定義

醬汁是一種或多或少呈現液狀的複雜元素，並依多種不同的添加物而有冷熱之別。冷醬汁分爲不穩定的乳化型醬汁，像是：不加芥末製作的油醋醬vinaigrette，以及穩定的乳化型醬汁，如：加入芥末（作爲穩定劑）的油醋醬和蛋黃醬（mayonnaise）。而白酒奶油醬（beurre blanc）、荷蘭醬（hollandaise）或貝亞恩斯醬（béarnaise）則爲熱的乳化型醬汁。

LES SAUCES CHAUDES 熱醬汁

熱醬汁分爲兩種：***Les sauce blanche*** *白色醬汁*，以白色高湯爲基底所製成。***Les sauce brune*** *褐色醬汁*，以基本營養成分焦糖化的棕色高湯爲基底所製成。

我們也會談到***Les sauce mère*** *母醬*，即作爲許多其他醬汁的基底。例如：用來製作白醬的貝夏美醬béchamel（以油糊roux爲基底所製成），或絲絨濃醬（velouté），以及用來製作褐色醬汁的依思班紐醬汁（espagnole）、半釉汁（demi-glace）或番茄醬汁（sauce tomate）。

醬汁可透過濃縮（réduction）、添加油糊或增稠劑／稠化劑（liaison）材料等方式增稠：新鮮或乾燥的水果或蔬菜、蛋黃、血或內臟。

— LES DIFFÉRENTES SAUCES MÈRES ET LEURS PRINCIPALES DÉRIVÉES —
不同的母醬及其衍生原則

Sauces blanches ***白色醬汁***	
À base de fond blanc de veau *以小牛基本高湯爲基底*	*Sauces poulette* 布雷特醬, *allemande* 阿勒曼德醬, *villageoise* 鄉村醬
À base de fond blanc de volaille *以家禽基本高湯爲基底*	*Sauces ivoire* 象牙醬, *suprême* 休普雷姆醬, *aurore* 歐若拉醬
À base de fumet de poisson *以魚高湯爲基底*	*Sauces bretonne* 布列塔尼醬, *crevette* 蝦醬, *normande* 諾曼第醬
À base de lait *以牛乳爲基底*	*Sauces Béchamel* 貝夏美醬, *Soubise* 蘇比斯醬, *Mornay* 莫內醬汁

Sauces brunes ***褐色醬汁***	
À base de fond brun de veau *以小牛棕色高湯爲基底*	*Sauce madère* 馬德拉醬, *Bercy* 貝西醬, *charcutière* 豬肉醬
À base de fond brun de volaille *以家禽棕色高湯爲基底*	*Sauce chasseur* 獵人醬汁, *bigarade* 苦橙醬, *rouennaise* 盧昂醬
À base de fond brun de gibier *以野味棕色高湯爲基底*	*Sauce grand veneur* 紅醋栗胡椒醬, *poivrade* 胡椒醬汁, *civet* 紅酒醬

Conseils des chefs
主廚建議

爲了讓荷蘭醬的狀態穩定，並避免油水分離（變質），您可加入少許的水或鮮奶油，或是選擇不要將奶油澄清。在這種情況下，乳清可作爲穩定劑。若要製作「植物性」的荷蘭醬，請用可可脂（beurre de cacao）來取代奶油。若要製作風味獨特的貝夏美醬（béchamel），請連同鑲入2或3顆丁香的洋蔥和胡蘿蔔一起放入100℃（熱度3）的烤箱烘烤1小時。

LA MAYONNAISE INRATABLE 零失敗蛋黃醬

集結最有利的條件，最好使用單元不飽和脂肪酸、或多元不飽和脂肪酸含量較高的油，如菜籽油（huile de colza）或葡萄籽油（huile de pépins de raisin），因爲這些油具有不會遇冷凝固的性質。蓋上保鮮膜避免外來的雜質，蛋黃醬便可毫無風險地冷藏保存3至4天。

爲了讓蛋黃醬變得清爽，請使用整顆蛋或將蛋白打成泡沫狀混入，如此一來，您將獲得保存期限相對較短的慕斯林醬（sauce mousseline）。若要製作不加蛋白的蛋黃醬，請在電動攪拌器的碗中混合所有材料。

L'AïOLI 蒜香蛋黃醬

爲了製作蒜香蛋黃醬，請使用膏狀的蛋黃（煮沸7-8分鐘的蛋）1個、馬鈴薯泥（煮熟並壓碎）、去芽的大蒜（汆燙5次並壓碎）。混合所有材料，並用打蛋器「打發montez」，一半加入橄欖油，另一半加入中性油，以柔和品嚐時的風味。

LES LIAISONS 增稠劑

油糊（roux）是最常用來爲醬汁增稠的技術，其比例和烹煮的掌控是最大的重點。

Conseils des chefs
主廚建議

當油糊聞起來有蛋糕味，而且表面形成小氣泡時，就表示油糊煮好了。

Quantite de roux pour 1 l de liquide a epaissir
稠化1公升液體所需的油糊量：

80克的roux léger淡油糊（40克的奶油、40克的麵粉）；
120克的appareil à gratin焗烤麵糊；
150克的sauce nappante表層塗醬；
200克的sauce épaisse濃稠醬汁（盛盤時裝飾使用）；
300克的鹹味舒芙蕾基底（又稱「膠colle」）。

Le soufflé 舒芙蕾

在「膠colle」剛製作完成時，趁熱混入蛋黃中，接著在冷卻時加入打成泡沫狀的蛋白霜。您便可從容地爲這舒芙蕾麵糊進行調味和收尾。

CRITERES D'UNE SAUCE BRUNE REUSSIE
褐色醬汁的成功標準

基底高湯的品質是最重要的。因此留意調味食材與基底食材的比例是否適當，就像是您在焦糖化的過程中必須控制火候，以獲得足夠的味道，但又要特別小心因過旺的火，而導致苦澀味或嗆味。

醬汁的酸度也有其重要性，由酒、醋或調味料所提供。

醬汁必須濃稠到能附著於食物上，顏色必須帶有光澤。而爲了讓醬汁產生光澤，可混入紅酒鏡面醬汁（miroir de vin）（用糖濃縮的紅酒）或甜菜濃縮液（glacis de betterave）（見60頁的技巧）。

所有味道的平衡也很重要。因此建議在最後進行調味，以完美地掌控鹽與胡椒的量。

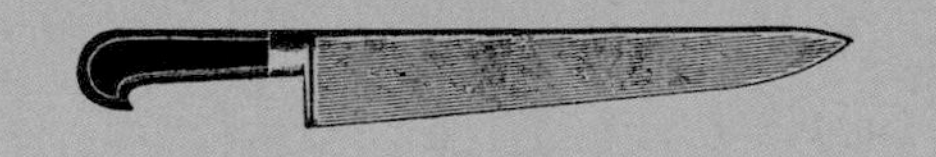

LES FONDS
Techniques
高湯技巧

— TECHNIQUES 技巧 —

Demi-glace de veau

小牛半釉汁

❁

500毫升的半釉汁

INGRÉDIENTS 材料

澄清小牛高湯（fond de veau clair）5公升
（見38頁的技巧）

USTENSILES 用具

濾布（Étamine）或漏斗型網篩（chinois étamine）
不同大小的平底深鍋2個

• 1 •

將澄清小牛高湯的油脂撈去。

• 3 •

經常撈去浮渣（去掉雜質），而且務必要依據減少的液體量來更換容器。

• 2 •

以文火將高湯濃縮，一邊以蘸濕的刷子仔細擦拭烹煮容器的邊緣。

— **FOCUS注意** —

半釉汁可用來增加材料的風味
（用於內餡、醬汁）。
也是經典醬汁，
像是魔鬼醬汁（sauce Diable）或
佩里克醬汁（sauce Périgueux）的基底。

• 4 •

將醬汁倒入濾布（或漏斗型網篩）中。

• 5 •

擠壓濾布以榨出必須如肉凍般濃稠的半釉汁。

— TECHNIQUES 技巧 —

Fond blanc de volaille

家禽基本高湯

❁

750毫升的基本高湯

INGRÉDIENTS 材料

汆燙過修切下的雞碎肉(肝除外)、骨架或肉500克
冷水750毫升
粗鹽
整顆胡椒粒
丁香(Clou de girofle)
胡蘿蔔50克
洋蔥50克
韭蔥的蔥白(blanc de poireau)10克
西洋芹40克
香料束(bouquet garni)½把

USTENSILES 用具

漏斗型網篩
雙耳淺燉鍋(Rondeau bas)

— FOCUS 注意 —

若以小牛骨、修切下的瘦肉碎、牛踝、牛膝、牛蹄來取代雞翅,再利用同樣的技巧,便可獲得小牛基本高湯。

• 1 •

將食譜上的材料準備好在工作檯上。

• 4 •

加入調味蔬菜,不加蓋,以文火煮35至40分鐘,持續不間斷地經常撈去浮沫。

• 2 •

將切塊的雞肉放入燉鍋，用冷水淹過並加以煮沸。

• 3 •

經常撈去浮沫，以形成澄清的液體。

• 5 •

用漏斗型網篩過濾高湯。

• 6 •

高湯變得清澈，隨時可以使用。

— TECHNIQUES 技巧 —

Fumet de poisson

魚高湯

500毫升的高湯

INGRÉDIENTS 材料

低脂魚（菱鮃barbue、比目魚sole、大菱鮃turbot、牙鱈merlan、魴魚saint-pierre）的魚骨和碎肉300克
奶油20克
白酒（或紅酒，或諾麗帕苦艾酒Noilly Prat）50毫升
紅蔥頭（échalote）15克
西洋芹40克
韭蔥的蔥白（blanc de poireau）40克
洋蔥40克
蘑菇處理後修切下的碎屑（隨意）
香料束（bouquet garni）½把
冷水500毫升

USTENSILES 用具

漏斗型網篩
中型雙耳燉鍋（Rondeau moyen）

• 1 •

將食譜上的材料準備好在工作檯上。

• 4 •

加入白酒。

• 5 •

以冷水淹過，接著以小火煮35至40分鐘。

• 2 •

用融化加熱至起泡的奶油煎修切下的魚碎肉和魚骨。

• 3 •

加入調味蔬菜。

• 6 •

烹煮期間經常撈去浮沫。

• 7 •

用漏斗型網篩過濾，以形成澄清的魚高湯。

— TECHNIQUES 技巧 —

Fumet de crustacés

甲殼高湯

1公升的高湯

INGRÉDIENTS 材料

海螯蝦(langoustines)1公斤
紅蔥頭(échalote)100克
洋蔥50克
胡蘿蔔50克
西洋芹50克
香料束(bouquet garni)1把
冷水1公升
諾麗帕苦艾酒(Noilly Prat)100毫升
整顆胡椒粒

USTENSILES 用具

湯勺
漏斗型網篩

• 1 •

將食譜上的材料準備好在工作檯上。

• 4 •

加入白酒。

• 5 •

用水淹過。以小火煮35至40分鐘。

• 2 •

將海螯蝦放入燉鍋。

• 3 •

加入香料束和調味蔬菜。

• 6 •

用漏斗型網篩過濾高湯。

• 7 •

以湯勺擠壓蝦殼，盡量擠出所有汁液。

— TECHNIQUES 技巧 —

Marmite (bouillon) de bœuf

牛肉高湯

4公升的高湯

INGRÉDIENTS 材料

牛尾（queue de bœufs）1公斤
牛肩肉（paleron）1公斤
髓骨（os à moelle）500克
牛踝（crosse de bœufs）（或關節骨）500克
鑲入丁香的洋蔥2顆
丁香3顆
韭蔥（poireaux）2根
西洋芹2枝
胡蘿蔔500克
香料束（bouquet garni）1把
大蒜2瓣
整顆胡椒粒10克
水5公升
灰粗鹽（gros sel gris）50克

USTENSILES 用具

漏斗型網篩
雙耳深鍋

• 1 •

將食譜上的材料準備好在工作檯上。

• 4 •

在冰水中清洗骨頭和肉塊。

• 7 •

用冷水淹過，煮沸，燉煮3至4小時，經常仔細地撈去浮沫。

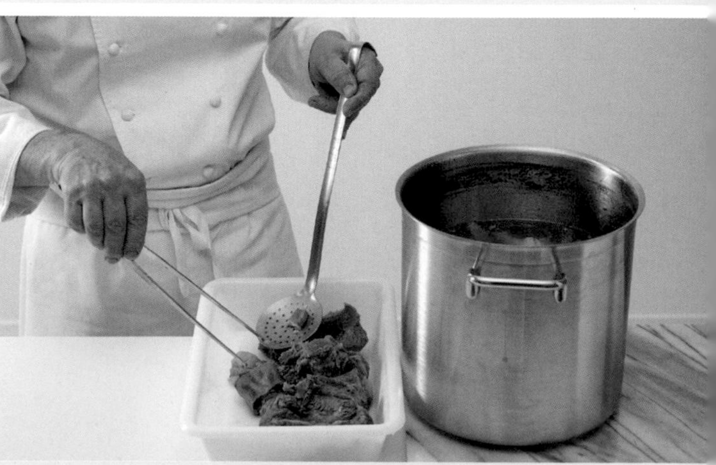

• 8 •

撈起（瀝乾）肉塊（將用於其他食譜）。

• 2 •

將牛尾、牛肩肉、牛踝和骨頭放入鍋內。用冷水淹過並煮沸。

• 3 •

撈去浮沫並濾除表面雜質。

• 5 •

再將材料放回潔淨的鍋中。

• 6 •

加入調味蔬菜。

• 9 •

用漏斗型網篩過濾汁液。

• 10 •

牛肉高湯製作完成，隨時可供使用。

— TECHNIQUES 技巧 —

Bouillon de légumes

蔬菜高湯

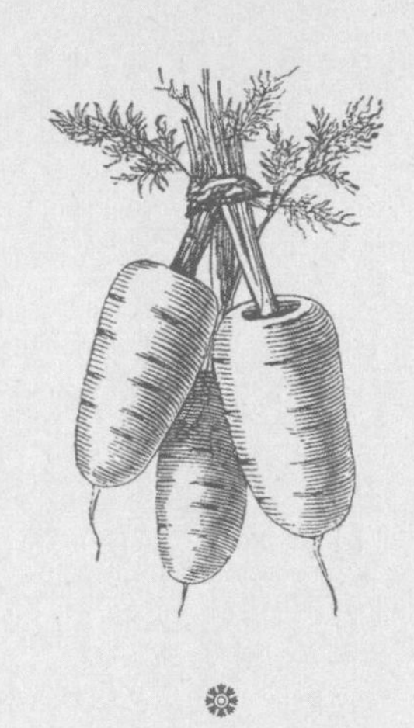

❁

3公升的高湯

INGRÉDIENTS 材料

紅蔥頭100克
洋蔥2顆
塊根芹(céleri boule)100克
蘑菇100克
球莖茴香(fenouil)1顆
韭蔥(poireaux)50克
胡蘿蔔50克
番茄50克
西洋芹25克
西洋芹葉25克
平葉巴西利梗25克
香菜葉25克
三色胡椒粒10克
鹽2克
水4公升

USTENSILES 用具

濾布或漏斗型網篩
雙耳深鍋

• 1 •

將食譜上的材料準備好在工作檯上。

• 3 •

調味，煮沸，然後續煮45分鐘。

• 2 •

將所有材料放入鍋中，用冷水淹過。

• 4 •

用濾布或漏斗型網篩過濾。

— **FOCUS 注意** —

蔬菜高湯在烹飪術語中被稱為
「mouillement végétal 蔬菜液」，
意即一種用來取代水作為烹調的芳香液體。
例如為冷凍的蔬菜帶來風味。

— TECHNIQUES 技巧 —

Bouillon de coquillages

貝類高湯

500毫升的高湯

INGRÉDIENTS 材料

淡菜(moule)500克
烏蛤(coque)500克
奶油10克
紅蔥頭50克
平葉巴西利梗50克
不甜白酒200毫升
大蒜1瓣
香料束(bouquet garni)1束

USTENSILES 用具

濾布或漏斗型網篩
帶蓋的煎炒鍋

• 1 •

將食譜上的材料(及預先以鹽水吐沙的貝類)準備好在工作檯上。

• 3 •

加入切碎的紅蔥頭和平葉巴西利梗，接著將全部材料炒至濕潤。

• 5 •

加入烏蛤和淡菜。

• 6 •

加蓋煮至所有貝類的殼都打開。

• 2 •

在煎炒鍋內將奶油加熱至融化。

• 4 •

加入白酒並煮沸。

— FOCUS注意 —

貝類高湯能製作搭配魚類的醬汁，
而且也是最適合用來作海鮮燉飯
（risottos de fruits de mer）的美味精緻高湯。
但仍要注意鹽分，不需要再加鹽，
酒的酸味不應太突出。

• 7 •

用濾鍋將貝類瀝乾，預留備用。讓高湯靜置5分鐘。

• 8 •

小心地用漏斗型網篩過濾高湯，務必要讓雜質留在煎炒鍋的底部。

— TECHNIQUES 技巧 —

Fond brun de veau lié

小牛棕色濃高湯

750毫升的高湯

INGRÉDIENTS 材料

小牛骨、牛踝、牛膝、牛蹄和瘦肉修切下的肉塊（os de veau, de crosse, de jarret, de pied et de parures maigres）500克

水或小牛基本高湯750毫升（見第24頁）

Garniture aromatique 調味蔬菜

胡蘿蔔50克

洋蔥50克

西洋芹50克

大蒜1瓣

香料束（bouquet garni）½把

番茄糊（concentré de tomates）30克

麵粉30克

USTENSILES 用具

烤盤

雙耳燉鍋

漏斗型網篩

— FOCUS 注意 —

小牛棕色淡高湯（fond brun de veau clair）不同於這道小牛棕色濃高湯，因為在這裡，我們會在加水或高湯之前，在第二次烘烤骨頭和調味蔬菜時撒上麵粉，目的是為了稠化並濃縮高湯。

• 1 •

將食譜上的材料準備好在工作檯上。

• 4 •

加入番茄糊，接著撒上麵粉，再放入烤箱中烘烤（直到烤成金黃色）。

• 7 •

將溶解的汁液倒入容器中。

•2•

在極熱的烤箱(210℃—熱度7)中將牛骨烤至上色。加入調味蔬菜，重新放回烤箱，將蔬菜烤至出汁。

•3•

加入預先汆燙過的牛蹄。

•5•

在適當容器中將所有材料撈起(瀝乾)。

•6•

加入一些水溶解黏在烤盤底的精華(déglacez)。

•8•

用水淹過，煮沸後再以文火煮3至4小時，一邊去除(撈去)雜質。

•9•

用漏斗型網篩過濾高湯。

— TECHNIQUES 技巧 —

Fond brun de veau clair

小牛棕色淡高湯

750毫升的高湯

INGRÉDIENTS 材料

小牛骨、牛踝、牛膝和瘦肉修切下的肉塊（os de veau, de crosse, de jarret, de pied et de parures maigres）500克
小牛蹄（pied de veau）1隻
胡蘿蔔50克
洋蔥50克
西洋芹50克
番茄糊10克
大蒜1瓣
香料束1把
整顆胡椒粒10克
丁香（clou de girofle）1顆
水或小牛基本高湯750毫升（見第24頁）

USTENSILES用具

烤盤（Plaque à rôtir）
雙耳燉鍋（Rondeau）
漏斗型網篩

• 1 •

將食譜上的材料準備好在工作檯上。以溫度極高的烤箱（210℃—熱度7），將牛骨放入烤盤烤至上色。

• 3 •

加入預先汆燙的小牛蹄。

• 5 •

加入一些水溶解黏在烤盤底的精華（déglacez）。

• 6 •

將溶解的汁液倒入容器中。

• 2 •

加入調味蔬菜，重新放回烤箱，將蔬菜烤至出汁。

— FOCUS注意 —

製作小牛棕色淡高湯的技巧
亦可用於家禽類高湯中。
只要將小牛骨和修切下的小牛碎肉改為
雞骨和雞翅即可。

• 4 •

將所有食材撈起（瀝乾），放入適當的容器中。

• 7 •

用水淹過，煮沸後再以文火煮3至4小時，一邊去除（撈去）雜質。

• 8 •

用漏斗型網篩過濾高湯。

— TECHNIQUES 技巧 —

Fond brun de gibier

野味棕色高湯

❁

3公升的高湯

INGRÉDIENTS 材料

母鹿頸肉(collier de biche)、狍(chevreuil)、
山羊骨頭(carcasse de lièvre)2公斤
紅蔥頭100克
洋蔥100克
西洋芹100克
番茄50克
胡蘿蔔100克
含有鼠尾草的香料束
(garni contenant de la sauge)1把
橄欖油50克
富含單寧的紅酒(vin rouge tanique)2瓶
紅酒醋100克
番茄糊30克
杜松子(baies de genièvre)3顆
大蒜20克
平葉巴西利梗50克
棕色小牛高湯2公升

USTENSILES 用具

烤盤(Plaque à rôtir)
漏斗型網篩

• 1 •

將食譜上的材料準備好在工作檯上。

• 3 •

淋上紅酒。

• 2 •

將食材放入烤盤中。

• 4 •

加入香料束、油、紅酒醋，醃漬24小時。完成此步驟的醃漬程序後，請參閱第36頁的技巧進行，在步驟8的時候加入醃漬醬汁。

— FOCUS 注意 —

野味棕色高湯的製作方式
與小牛棕色高湯(見第36頁)相同，
但食材事先醃過。
瀝乾後將調味蔬菜和食材分開，
再將醃漬醬汁
淋在已經烤上色的食材上。

— TECHNIQUES 技巧 —

Clarification du consommé de bœuf

牛肉清湯的澄清

4公升的清湯

INGRÉDIENTS 材料

牛肉高湯4公升（見30頁）
切碎的牛肉瘦肉（bœufs maigre）100克
蛋白½個
胡蘿蔔25克
韭蔥的蔥綠（vert de poireau）25克
西洋芹1根
番茄40克
番茄糊5克
香葉芹（cerfeuil）1小束
水和冰塊
細鹽（Sel fin）
胡椒粗粒

• 1 •

將食譜上的材料準備好在工作檯上。

• 4 •

混合所有食材。

• 5 •

仔細地去掉冷卻後牛肉高湯的油脂。

• 2 •

混合蛋白和碎肉。

• 3 •

再加入胡椒粒和香葉芹以外的調味蔬菜。

• 6 •

在冷高湯中倒入混合好澄清用的食材。

• 7 •

以文火仔細地混合，用刮刀持續攪拌，以免蛋白黏在鍋子底部。

• 8 •

在混合物開始泛白時停止攪拌。

• 9 •

在第一次微滾時，於表面形成的凝結中央，挖出一個開口。

• 11 •

爲清湯撒鹽調味。

• 12 •

將香葉芹和胡椒粗粒放入濾布中。

• 10 •

烹煮期間用小湯勺從中央的開口撈取清湯，淋在整個表皮凝結上。

— FOCUS注意 —

澄清後的清湯看起來清澈透明，
同時也去除了所有的雜質。
可在這樣的清湯中加入一些蔬菜丁
或蔬菜餃作為前菜。

• 13 •

過濾清湯。從中央輕輕撈取高湯（以免破壞凝結的食材，而使清湯變得混濁），將清湯淋在置於濾布中的芳香食材上。

• 14 •

清湯已完成，隨時可供使用。

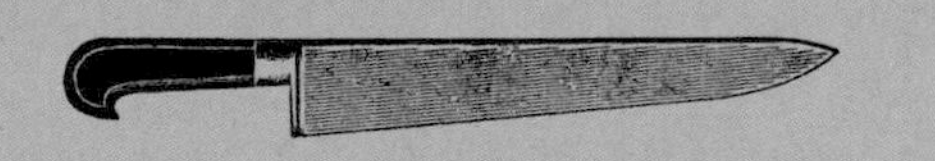

LES JUS, ESSENCES ET GLACIS

Techniques

原汁、精萃
和蔬菜濃縮液
技巧

— TECHNIQUES 技巧 —

Jus de volaille

家禽原汁

❁

750毫升的原汁

INGRÉDIENTS 材料

雞翅(ailerons de poulet)500克
(用來製作雞肉原汁)
或鴨翅(manchons de canard)500克
(用來製作鴨肉原汁)
或兔肉500克(用來製作兔肉原汁)
紅蔥頭100克
洋蔥50克
西洋芹50克
胡蘿蔔100克
香料束(bouquet garni)1束
奶油100克
水或家禽基本高湯1公升(見第24頁)
白酒100毫升
胡椒粉

USTENSILE 用具

噴槍(Chalumeau)

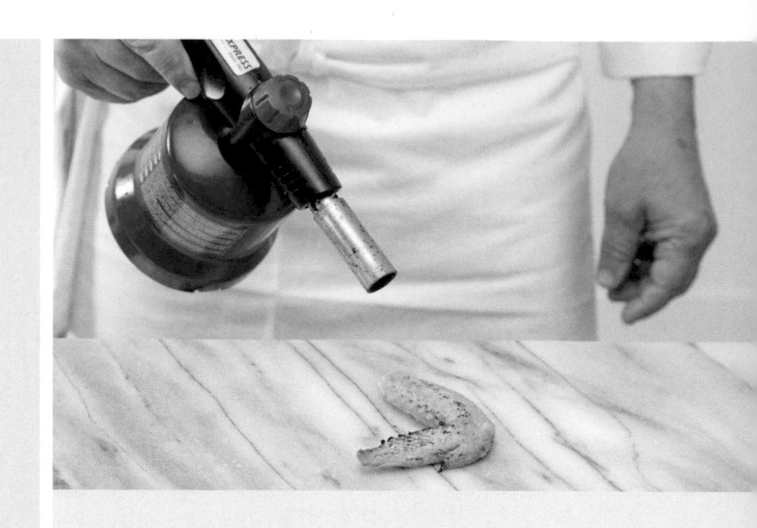

• 1 •

炙燒雞翅的邊緣以去除餘毛。

• 4 •

將雞翅放入鑄鐵鍋中並煎至上色。

• 7 •

倒入白酒。

•2•

將必要食材準備好在工作檯上。

•3•

在鑄鐵鍋（cocotte en fonte）中將奶油加熱至融化。

•5•

倒入調味蔬菜並炒至出汁。

•6•

調味。

•8•

以家禽基本高湯淹過食材。

•9•

煮約20幾分鐘並經常撈去浮沫。

— TECHNIQUES 技巧 —

Jus de veau

小牛原汁

750毫升的原汁

INGRÉDIENTS 材料

小牛後胸肉（tendrons）或前胸肉（poitrine）500克
紅蔥頭100克
洋蔥50克
西洋芹50克
胡蘿蔔100克
香料束（bouquet garni）1束
奶油100克
水或小牛棕色高湯1公升
紅酒或波特酒（porto）100毫升
胡椒粉

USTENSILES用具

濾器（Passoire）
濾布或漏斗型網篩
鑄鐵鍋（cocotte en fonte）
小型煎炒鍋

• 1 •

將食譜上的材料準備好在工作檯上。

• 4 •

以加熱至呈現榛果色的奶油將小牛後胸肉煎至上色，並不時翻炒。

• 5 •

加入調味蔬菜並炒至上色。

• 2 •

將奶油加熱至融化。起泡時加入胡椒粉，焙炒一會兒。

• 3 •

加進小牛後胸肉。

• 6 •

用蘸濕的刷子擦拭鑄鐵鍋邊緣。

• 7 •

用水淹過，煮沸並至少再燉煮45分鐘。

• 8 •

烹煮期間經常撈去浮沫。

• 9 •

用濾網（passoire）過濾原汁。

• 11 •

將獲得的原汁濃縮，並經常撈去雜質。

• 12 •

將原汁倒入濾布（或漏斗型網篩）中。

• 10 •

輕拍濾網邊緣，盡可能收集原汁。

— **FOCUS注意** —

可將過濾後的胸肉去骨、切碎，
製成開胃小點的肉餡，或是搭配醋等
酸味調味料製成法式凍派（terrine）。

羔羊原汁也是以同樣的方式製作，只要
用羊後胸肉取代小牛後胸肉即可。

• 13 •

擠壓濾布以收集原汁。

• 14 •

小牛原汁已製作完成，隨時可供使用。

— TECHNIQUES 技巧 —

Jus de crustacés

甲殼類原汁

750毫升的原汁

INGRÉDIENTS 材料

龍蝦殼(carcasse de homard)(如果可以，請選擇帶蝦卵的)或螃蟹(麵包蟹tourteau、蜘蛛蟹araignée)的殼500克
紅蔥頭100克
洋蔥50克
西洋芹50克
紅甜椒(poivron rouge)50克
番茄50克
胡蘿蔔100克
香料束1束
番茄糊10克
橄欖油50克
水或甲殼高湯1公升(見28頁)
干邑白蘭地25毫升
白酒100毫升
艾斯伯雷紅椒粉(Piment d'Espelette)

USTENSILE 用具

濾布

• 1 •

加熱橄欖油。

• 4 •

倒入干邑白蘭地(cognac)。

• 7 •

加入番茄糊。

• 8 •

加入番茄和香料束。

• 2 •

將龍蝦殼、尾部和螯煎至變紅。

• 3 •

加入調味蔬菜並炒至出汁。

• 5 •

將干邑白蘭地燄燒(flamber)。

• 6 •

倒入白酒。

• 9 •

用魚高湯(或水)淹過食材，加蓋煮7分鐘，接著移去尾部和螯。繼續煮20分鐘。

• 10 •

用濾布過濾。

— TECHNIQUES 技巧 —

Essence de champignons

蘑菇精萃

100毫升的精萃

INGRÉDIENTS 材料

菇蕈類（巴黎蘑菇champignons de Paris、牛肝蕈cèpe、羊肚蕈morille、香菇shiitaké、雞油蕈girolle、食用傘蕈mousseron、喇叭蕈trompettes-de-la-mort）500克
檸檬汁1顆（隨意）
水
鹽

USTENSILES用具

濾鍋
濾布
有蓋平底煎鍋

• 1 •

將各種菇類聚集在工作檯上。

• 4 •

清理雞油蕈。

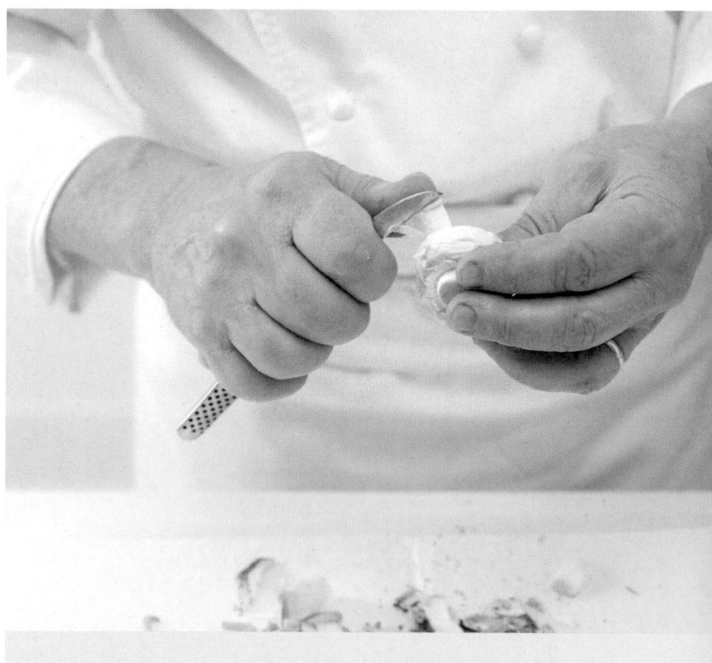

• 5 •

將巴黎蘑菇去皮。

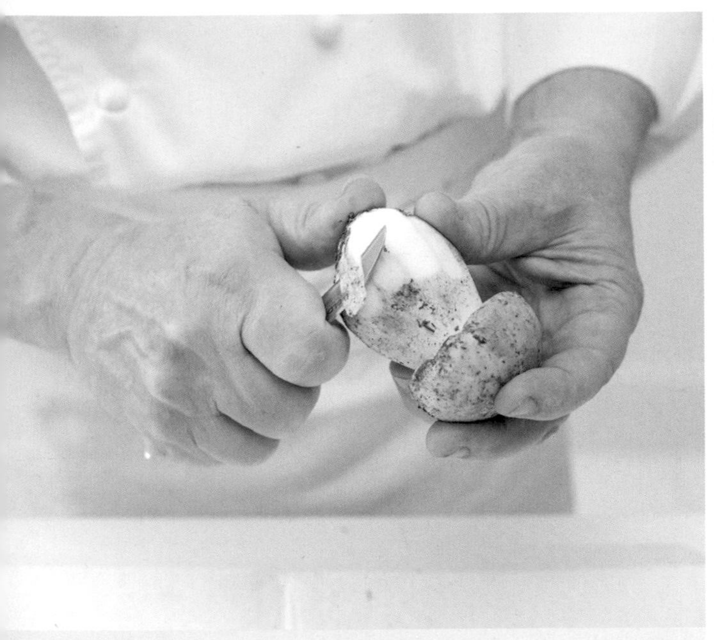

• 2 •

將牛肝蕈根部的較硬的部分削去。

• 3 •

不要浸泡，用蘸濕的刷子刷洗牛肝蕈。

• 6 •

將菇類切成薄片。

• 7 •

將蕈菇類放入冷的平底煎鍋中。

— FOCUS注意 —

精萃的量將取決於菇蕈類的新鮮度
和其植物水（eau de végétation）的
含量及天然程度。
因此請盡量選擇新鮮的菇蕈類，
以獲得最佳成果。
像這樣萃取出汁的菇蕈類，
將用來製作餡料（duxelles）或
開胃小點的配菜。

• 8 •

以文火加熱，讓菇蕈釋出水分。

• 11 •

緊緊地擠壓濾布，以萃取精萃。保留擠乾的菇蕈作爲其他用途。

• 9 •

用濾器將菇蕈瀝乾，以收集絕大部分的原汁。

• 10 •

將菇蕈放入濾布中。

• 12 •

在潔淨的濾布中再次過濾獲得的原汁。

• 13 •

蘑菇精萃已完成，隨時可供使用。

— TECHNIQUES 技巧 —

Glacis de betterave

甜菜濃縮液

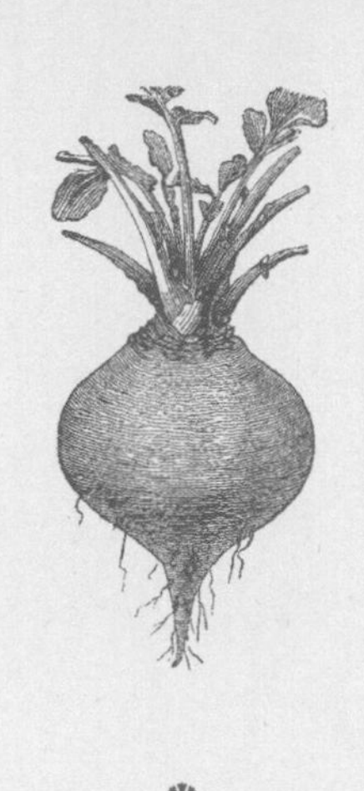

❁

100毫升的濃縮液

INGRÉDIENTS 材料

甜菜汁（jus de betterave）1公升

USTENSILE 用具

蔬果榨汁機（Centrifugeuse）

• 1 •

將榨好的生甜菜汁倒入平底煎鍋中，以文火慢慢地濃縮原汁，直到只剩下原份量的1/10。

• 3 •

濃縮液的質地必須濃稠到能夠附著在湯匙背上。

• 2 •

取出甜菜濃縮液(倒入容器中)。

— FOCUS注意 —

蔬菜濃縮液是將原汁濃縮至1/10。因此500毫升的原汁將製成50毫升的濃縮液。2.5公斤的甜菜將可取得500毫升的原汁,請依此作為份量的參考。

— TECHNIQUES 技巧 —

Coagula végétal

蔬菜凝塊

❁

50克的凝塊

INGRÉDIENTS 材料

平葉巴西利（persil）或菠菜（épinard）汁500毫升

USTENSILES 用具

濾布

濾器

• 1 •

將打過的生蔬菜汁倒入平底煎鍋中，接著以極小的火（溫度最好不要超過80℃）煮至固體物質與液體分離。整體應保持青綠色。

• 3 •

仔細瀝乾，盡量去除所有水分。

• 2 •

輕輕地放入濾布(或咖啡濾紙)中。

• 4 •

收集固體的部分,完成後隨時可供使用。

— **FOCUS注意** —

凝塊可用來為麵團(烏巢麵 tagliatelle
或義大利餃 ravioli 的麵團)上色,
亦可用來為家禽或魚類的餡料調味。

— TECHNIQUES 技巧 —

Court-bouillon de légumes

調味煮汁

2公升的調味煮汁

INGRÉDIENTS 材料

水2公升
白酒200毫升
醋50毫升
洋蔥100克
胡蘿蔔100克
紅蔥頭50克
薑25克
平葉巴西利梗50克
月桂葉(feuille de laurier)1片
百里香(thym)2枝
龍蒿(estragon)1枝
白胡椒粒5克
三色胡椒粒5克
檸檬皮1顆
鹽20克

• 1 •

將食譜上的材料準備好在工作檯上。

• 3 •

倒入白酒和醋。

• 4 •

加入調味蔬菜。

• 2 •

將所需份量的水倒入平底深鍋中並加鹽。

• 5 •

最後削入檸檬皮，煮沸10分鐘。完成的調味煮汁冷熱皆可使用。

— FOCUS注意 —

調味煮汁用於魚類、貝類或甲殼類的烹煮。經常在放涼後用來進行「à la nage」的做法。
先將食材浸入，然後再緩緩加熱，以免溫度衝擊導致食材變形和變硬。

— TECHNIQUES 技巧 —

Beurre clarifié

澄清奶油

USTENSILE 用具

漏勺（Écumoire）

• 1 •

將奶油放入隔水加熱的平底深鍋中。

• 3 •

用漏勺撈去表面的乳清。

• 5 •

將澄清奶油傾倒出來。

• 6 •

務必要將全部的乳清都留在平底深鍋底部。

• 2 •

讓奶油完全融化。

• 4 •

在熱水中清洗漏勺。

— FOCUS注意 —

澄清奶油是將乳清(酪蛋白)分離出來，以免在烹煮過程中燒焦。這樣的程序也有助於帶來最佳的保存效果。

• 7 •

澄清奶油完成，隨時可供使用。

• 8 •

冷卻並凝固後的澄清奶油。

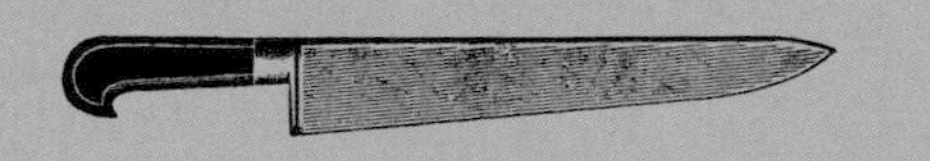

LES SAUCES

Techniques

醬汁**技巧**

— TECHNIQUES 技巧 —

Sauce béchamel

貝夏美醬

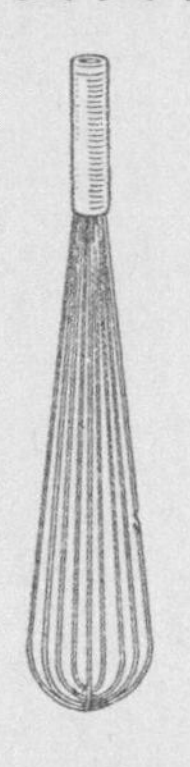

500毫升的醬汁

INGRÉDIENTS 材料

牛乳500毫升
香料束(bouquet garni)1束
肉豆蔻(noix muscade)
奶油25克
麵粉25克
鹽、胡椒粉

USTENSILES 用具

醬汁用打蛋器(Fouet à sauce)
濾布
煎炒鍋
平底深鍋(russe)

• 1 •

在工作檯上備妥食譜上的各種食材和用具。

• 4 •

加入過篩的麵粉。

• 7 •

透過漏斗型網篩，將一半的牛乳倒在冷卻的油糊上。

• 8 •

以文火並手持打蛋器將油糊與牛乳攪拌均勻，接著倒入剩餘的牛乳。

• 2 •

在平底深鍋中倒入牛乳，加入香料束，刨下一些肉豆蔻粉末，然後煮沸。

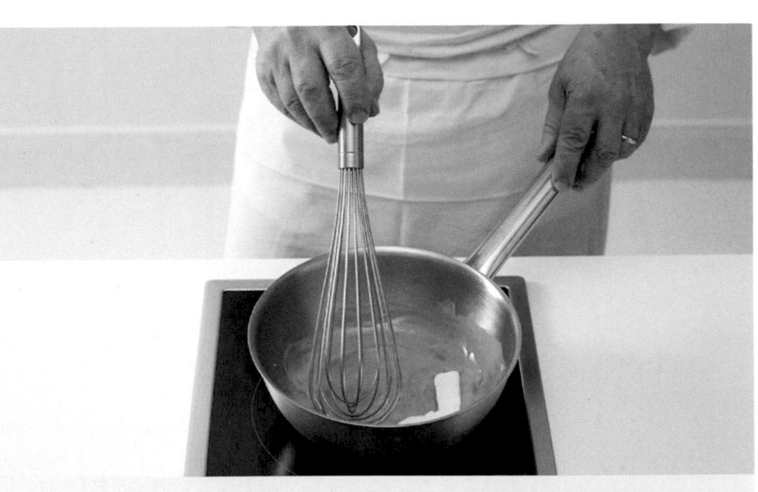

• 3 •

將奶油以煎炒鍋加熱至融化，但不要加熱至上色。

• 5 •

以文火煮成油糊（roux），一邊用打蛋器攪拌。

• 6 •

在「蜂窩狀」和淡淡的熟麵粉味出現時停止加熱。

• 9 •

攪拌後再加熱3至4分鐘。調味。

• 10 •

倒入濾布中，接著用擠壓的方式過濾醬汁。

— TECHNIQUES 技巧 —

Sauce tomate

番茄醬汁

❁

500毫升的醬汁

INGRÉDIENTS 材料

奶油30克
半鹽豬五花（poitrine de porc demi-sel）50克
胡蘿蔔50克
洋蔥50克
麵粉25克
新鮮番茄50克
番茄糊（concentré de tomates）50克
細砂糖（Sucre semoule）
蔬菜高湯500毫升（見32頁）
（或水500毫升）
香料束（bouquet garni）½束
鹽、胡椒粉

USTENSILES 用具

漏斗型網篩
鑄鐵鍋（Cocotte en fonte）
小湯勺
有柄平底砂鍋（Caquelon）

• 1 •

將食譜上的材料準備好在工作檯上。

• 4 •

撒上麵粉。

• 7 •

加糖和香料束。

• 2 •

在起泡（但未上色）的奶油中翻炒半鹽五花肉。

• 3 •

加入調味蔬菜並炒至出汁。

• 5 •

攪拌，並將麵粉炒成金黃色的油糊（roux）。

• 6 •

加入新鮮番茄和番茄糊。

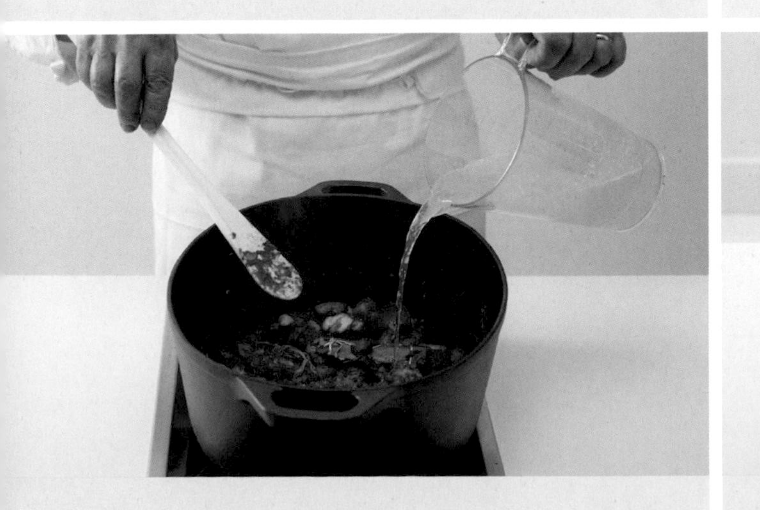

• 8 •

倒入蔬菜高湯（或水），加鹽與胡椒粉調味，加蓋，然後放入預熱至150℃（熱度5）的烤箱中烘烤50分鐘。

• 9 •

將醬汁倒入漏斗型網篩中，並按壓食材，以盡可能獲取醬汁。

— TECHNIQUES 技巧 —

Sauce espagnole

依思班紐醬汁

750毫升的醬汁

INGRÉDIENTS 材料

小牛牛釉汁750毫升（見第22頁）
豬腹部的瘦肉（poitrine de porc maigre）25克
胡蘿蔔25克
洋蔥25克
西洋芹25克
新鮮番茄150克
番茄糊（concentré de tomates）20克
蘑菇處理後修切下的碎屑100克
大蒜1瓣
香料束1束
***Liaison*增稠劑（*棕色油糊roux brun*）**
奶油30克
麵粉30克（焙炒用）
細鹽
胡椒粉

USTENSILES用具

漏斗型網篩
鑄鐵鍋
小湯勺
有柄平底砂鍋

• 1 •

將食譜上的材料準備好在工作檯上。

• 4 •

加入剩餘的調味蔬菜（大蒜和蘑菇）。

• 7 •

加入切塊的番茄和香料束。

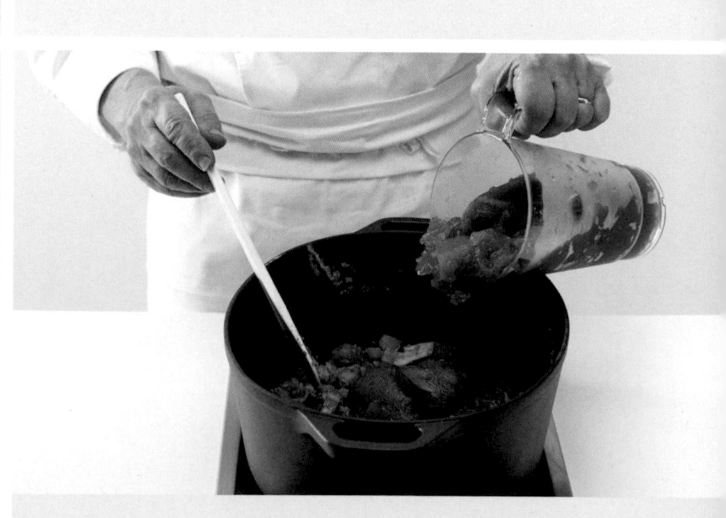

• 8 •

加入小牛牛釉汁並煮至微滾。

• 2 •

在燉鍋中將奶油加熱至上色（榛果色），然後加入豬腹部的瘦肉，並煎炒至上色。

• 3 •

加入調味蔬菜（胡蘿蔔、洋蔥、紅蔥頭、西洋芹），炒至出汁。

• 5 •

撒上麵粉。

• 6 •

攪拌後將麵粉炒至略爲上色。

• 9 •

混合後加蓋，放入預熱至180℃（熱度6）的烤箱中烘烤1小時至1小時30分鐘。

• 10 •

以漏斗型網篩過濾出醬汁。

— TECHNIQUES 技巧 —

Sauce poivrade

胡椒野味醬汁

500毫升的醬汁

INGRÉDIENTS 材料

切碎的野味修切下的肉塊1公斤
紅蔥頭100克
西洋芹或歐當歸(livèche)50克
胡蘿蔔100克
香料束1束
橄欖油50克
奶油50克
三色胡椒粒(poivre mignonnette)30克
平葉巴西利梗50克
棕色小牛淡高湯或依思班紐醬汁(fond de veau brun clair
ou d'espagnole)1公升
小牛半釉汁500毫升(見22頁)
陳年酒醋(vinaigre de vin vieux)100毫升
紅酒或野味醃漬汁(marinade du gibier)500毫升
細鹽
杜松子(baies de genièvre)10克

USTENSILE 用具

濾布

• 1 •

將食譜上的所有材料準備好在工作檯上。

• 3 •

加入野味修切下的肉塊，煎至上色。

• 5 •

倒入少許紅酒，以避免黏鍋。

• 2 •

將油和奶油加熱(至呈現榛果色)。

• 4 •

加入調味蔬菜(胡蘿蔔、紅蔥頭、西洋芹),並炒至出汁。

• 6 •

加入番茄糊。

• 7 •

加入胡椒和杜松子。

• 8 •

加入香料束(鼠尾草、西洋芹、韭蔥、百里香、月桂葉)。

• 9 •

倒入醋。

• 11 •

加入小牛半釉汁，加蓋，然後放入預熱至150℃（熱度5)的烤箱中烘烤2至3小時。

• 12 •

以漏斗型網篩過濾。

• 14 •

將醬汁濃縮並去蕪存菁(去除浮至表面的雜質：油脂與浮沫)。

• 15 •

用濾布過濾。

• 10 •

倒入紅酒（或是加入醃漬汁）。

• 13 •

按壓食材以擠出醬汁，一邊輕敲漏斗型網篩的邊緣。

• 16 •

擠出醬汁。

— FOCUS 注意 —

胡椒野味醬汁（sauce poivrade）為法國料理中的經典醬汁，非常適合用來搭配野味。且不應該與一般的胡椒醬汁（sauce poivre）相混淆。

— TECHNIQUES 技巧 —

Sauce américaine

亞美利凱努醬

❁

500毫升的醬汁

INGRÉDIENTS 材料

奶油25克
麵粉25克
活龍蝦(homard vivant)1隻
橄欖油250毫升
干邑白蘭地(cognac)25毫升
白酒100毫升
魚高湯750毫升(見26頁)
香料束½束
艾斯伯雷紅椒粉(Piment d'Espelette)
胡蘿蔔50克
洋蔥50克
紅蔥頭20克
番茄200克
大蒜1瓣
香葉芹(Cerfeuil)
龍蒿(Estragon)
鹽、胡椒粉

USTENSILES用具

食物研磨器(Moulin à légumes)+粗孔濾網
醬汁用打蛋器
濾布
小型雙耳燉鍋(Petit rondeau)
蓋子(Couvercle)

• 1 •

將食譜上的必要食材擺在您的工作檯上。

• 3 •

拔下螯。

• 5 •

收集殼內的蝦卵，倒在奶油上。

• 2 •

將活龍蝦的頭尾分開。

— FOCUS注意 —

亞美利凱努醬屬於
奧古斯特・埃斯科菲（Auguste
Escoffier）（上個世紀初期
將料理系統化的名廚）
的經典料理之一。
用來搭配魚類和甲殼類料理。

• 4 •

拔去龍蝦的腳和鰓。

• 6 •

混合奶油、麵粉和蝦卵，製作奶油麵糊（beurre manié），冷藏保存至需要稠化的時刻。

• 7 •

加熱橄欖油。將龍蝦殼、尾和螯煎至顏色轉紅。

• 8 •

加入調味蔬菜並炒至出汁，再用干邑白蘭地燄燒（flamber）。

• 9 •

淋上白酒，並將湯汁收乾一半。

• 11 •

將尾部和螯取出，然後繼續煮20分鐘。

• 12 •

倒入食物研磨器（moulin à légumes）中。榨取出所有湯汁。

• 14 •

將醬汁倒入濾布中。

• 15 •

擠壓濾布，以獲取滑順的醬汁並去除所有雜質。

• 10 •

用魚高湯(或水)淹過食材。加入香料束，調味，然後加蓋煮7分鐘。

• 13 •

將湯汁煮沸，以奶油麵糊增加濃稠度，一邊用打蛋器攪拌。煮10分鐘，讓醬汁變得濃稠。

• 16 •

確認調味(鹽、胡椒、艾斯伯雷紅椒粉)。亞美利凱努醬已完成。

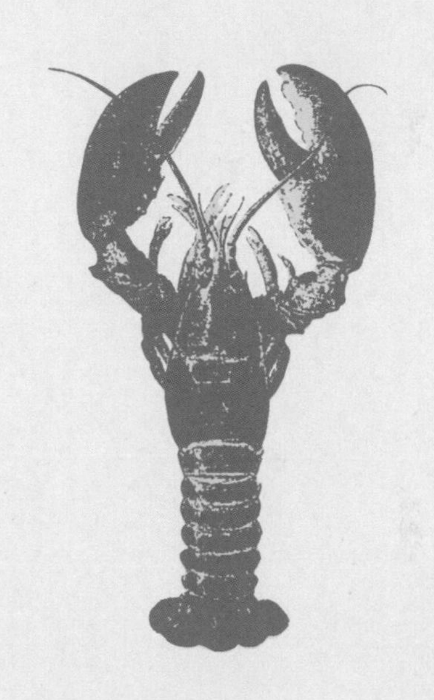

— TECHNIQUES 技巧 —

Sauce hollandaise

荷蘭醬

❁

500毫升的醬汁

INGRÉDIENTS 材料

蛋黃8個
冷水50毫升
澄清奶油500克（見66頁）
檸檬汁½顆
鹽
白胡椒粉（Poivre blanc）或卡宴胡椒粉（Cayenne）

USTENSILES 用具

醬汁用打蛋器
漏斗型網篩或濾布

• 1 •

將食譜上的材料準備好在工作檯上。

• 4 •

必須將水和蛋黃打至發泡濃稠。

• 7 •

加入檸檬汁。

• 2 •

將水和蛋黃放入平底深鍋中。

• 3 •

以文火（不超過60℃）將水和蛋黃攪打成體積膨脹的沙巴雍（sabayon）。

• 5 •

離火，緩緩混入澄清奶油，最好是在40℃時進行混合。

• 6 •

以鹽和胡椒粉調味。

• 8 •

倒入濾布或漏斗型濾器中。

• 9 •

擠壓醬汁，去除所有雜質。

— TECHNIQUES 技巧 —

Sauce béarnaise

貝亞恩斯醬

500毫升的醬汁

INGRÉDIENTS 材料

白酒75毫升
雪莉酒醋75毫升
紅蔥頭75克
三色胡椒粗粒8克
蛋黃8個
冷水50毫升
澄清奶油500克（見66頁）
新鮮香草（Herbes fraîches）
龍蒿¼小束
香葉芹⅛小束

USTENSILES 用具

醬汁用打蛋器
濾布或漏斗型網篩
平底深鍋

• 1 •

將食譜上的材料準備好在工作檯上。

• 4 •

將液體完全收乾，接著加入2大匙的水。

• 7 •

離火，慢慢混入澄清奶油（最好爲40℃）。爲醬汁調味。

• 8 •

將醬汁倒入濾布中。

• 2 •

將切碎的紅蔥頭和胡椒粗粒放入平底深鍋中。

• 3 •

加進切碎的新鮮香草(龍蒿和香葉芹)、白酒和醋。

• 5 •

加入蛋黃。

• 6 •

以文火加熱並以打蛋器將混合物攪打成體積膨脹的沙巴雍醬(sabayon)(發泡的濃稠醬汁)。

• 9 •

擠壓出平滑的醬汁，以去除細碎的材料。

• 10 •

加入切碎的新鮮香草，醬汁便大功告成。

— TECHNIQUES 技巧 —

Sauce mayonnaise

蛋黃醬

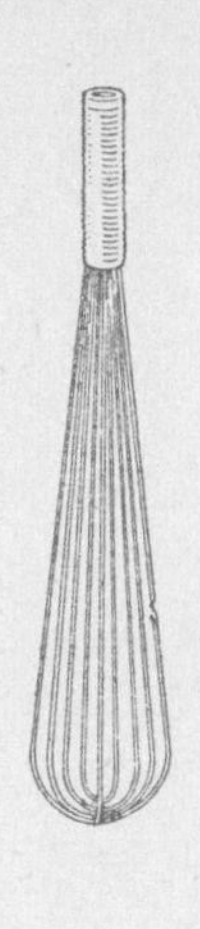

❁

200毫升的蛋黃醬

INGRÉDIENTS 材料

莫城芥末(moutarde de Meaux)20克
玉米油(huile de maïs)150克
蛋黃1個
蘋果酒醋(vinaigre de cidre)10克
鹽
胡椒粉

USTENSILE 用具

醬汁用打蛋器

• 1 •

在沙拉攪拌盆(saladier)(或不鏽鋼盆cul-de-poule)中放入蛋黃、芥末、鹽和胡椒粉。

• 3 •

用力攪打,讓油完全混入並乳化,最後再倒入醋。

• 2 •

一邊緩緩地倒入油，一邊手持打蛋器攪打混合。

• 4 •

蛋黃醬的質地必須相當的濃稠。

— FOCUS注意 —

為了能夠零失敗地做出蛋黃醬，
請記得將食材從冰箱中取出，
讓所有食材都處於同樣的溫度下，
而且永遠都要先從混入少量的油開始，
以便讓乳化的過程順利地進行。
加入醋則有利於保存。

LES ŒUFS

蛋

Introduction 介紹 P.92

LES ŒUFS 蛋

TECHNIQUES 技巧 P.94

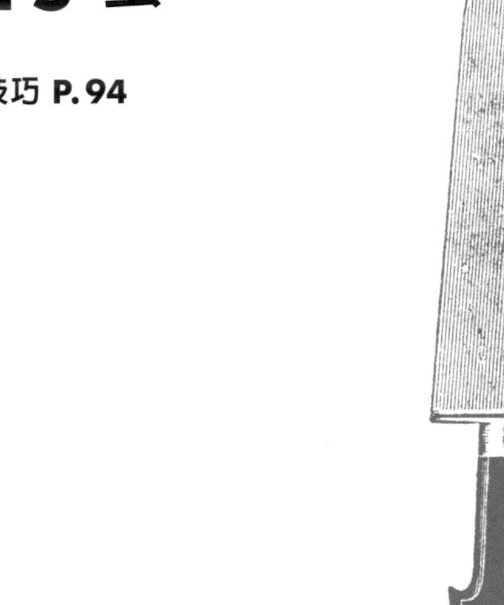

Les œufs
蛋

在我們的廚房裡，蛋是一項非常獨特的食材，因爲它構成了許多食譜的骨架。它的烹調方式千變萬化，也是無數醬汁或糕點不可或缺的重要材料，可用來製作像是：貝亞恩斯醬(béarnaise)、荷蘭醬(hollandaise)、海綿蛋糕(génoise)或泡芙(chou)等不勝枚舉的料理。

既簡單又複雜的蛋是一種完整的食物，其營養價值經常成爲飲食攝取和均衡的參考標準，尤其是蛋白質的部分—我們的機體肌肉運作所不可或缺的營養成分—平均地散布在蛋白與蛋黃之間。這些蛋白質對人類來說是理想的營養素，因富含必需胺基酸，而且必需胺基酸的比例均衡，非常符合人體所需。因此，2顆蛋便可提供相當於100克肉、或魚肉的蛋白質。

蛋的分類

僅以「蛋」爲名販售的自然是指雞蛋。蛋的主要優點之一就是其出色的保存期限。在家裡，只需保存在避免潮濕的陰涼處(10-12℃)或冰箱即可。在這種情況下，請將蛋保存在原本的盒子或紙箱裡。

蛋在產出的9天內被視爲「極新鮮extra frais」，接著在28天內被稱爲「新鮮frais」。

蛋的標籤有3種分級：

種類A：品質最優良的蛋，供人類食用。
種類B：特色是可公開販售的保存蛋。
種類C：品質較低的次級蛋，供食品業使用。

字母與數字

您可在蛋盒上找到「紅牌標籤***Label Rouge***」或有機(Bio)、飼養方式、產地，可能還有孵化日期(非必要)、建議食用日期(DCR)或最短保存期限(DDM)，及其重量等標示。

XL 對應的是極大顆的蛋，重量等於或大於73克。
L 代表大顆的蛋，重量大於或等於63克，但小於73克。
M 指的是中型蛋，重量大於或等於53克，小於63克。
S 用來稱呼所有重量小於53克的小型蛋。

0 用來區分有機飼養的數字；母雞在戶外飼養，並依有機農業的規範進食。
1 表示母雞在戶外飼養，並在至少2.5平方公尺的草地上放牧。
2 表示在密閉的雞舍中自由放養的母雞(1平方公尺7隻)。
3 用於在籠子裡飼養的家禽。

蛋殼上 也會出現同樣的標記，編排規則如下：
數字對應飼養的方式(0、1…)、產區(FR表示法國France)、附帶雞舍號碼的飼養編碼(XXX00)，以及DCR或DDM的日期。

蛋的挑選

根據食譜，蛋佔據極重要的地位。蛋的新鮮度關係著水波蛋(œuf poché)的成功與否，因此絕對有必要爲這道食譜挑選「極新鮮extra frais」的蛋；而荷包蛋(œufs au plat)也是一樣。相反地，若要製作水煮蛋(œufs dur)，則最好使用「新鮮frais」的蛋。

一般來說，請選擇***中型蛋***，標準大小的中型蛋在食譜的製作上實用又方便。在無測量工具的情況下，中型蛋的蛋黃估計爲20克，蛋白30克。

— RÉUSSIR LA CUISSON DES ŒUFS —
成功烹調蛋的訣竅

製作歐姆蛋（omelette）：將蛋（放至室溫）再打成極細緻蛋液，接著撒上鹽。在不沾平底煎鍋中將1塊榛果大小的奶油加熱至融化且起泡，然後將蛋液倒入熱鍋中，快速攪拌，讓蛋液能夠均勻地凝固。歐姆蛋必須滑嫩且不上色。

製作炒蛋（œufss brouillés）：在厚底的平底深鍋中將1塊核桃大小的奶油加熱至融化，倒入打至極細的蛋液（每人份2顆蛋），接著用打蛋器或橡皮刮刀不斷攪拌，務必要仔細刮取邊緣和底部的蛋液。在質地變爲乳霜狀時離火，加入1塊核桃大小的奶油，或1大匙的高脂鮮奶油以中止烹煮，調味並立即品嚐。

製作水煮蛋（œufs dur）（帶殼或不帶殼）：在蛋殼有裂痕時在水中加入一些醋，可讓蛋白更快速凝結且更容易剝殼。

Conseils des chefs
主廚建議

爲了製作完美的62℃蛋，請將您的蛋
冷凍48至72小時，接著在使用時
放入熱水中以利去殼。
去掉蛋白便可獲得如奶油般柔軟的蛋黃。
蛋殼多細孔，因而很容易吸收
周圍的味道。若要讓蛋帶有松露香，
只需和1至2顆松露
一起擺在密封容器中。
因此您無需使用任何一片松露，
就能做出帶有松露香的歐姆蛋。

LES OVOPRODUITS 蛋製品

就算您對「蛋製品」一詞並不熟悉，蛋製品依然能夠在家常菜中大放異彩。這一詞集結了所有以蛋製成的產品，包括從去掉殼與殼膜後的部分，以及混合物。

蛋製品可分爲三種

中間產物 Intermédiaires，以液狀、濃縮、凝固或粉末的形式販售，供農產品加工使用，將蛋白、蛋黃或整顆蛋用於配方的製作。

熟食 Prêts à l'emploi，外食相關食品，以加工形式販售（去殼的全熟水煮蛋、預先煎好的歐姆蛋等）。

最後是***蛋白或蛋黃的組成成分 les constituants du blanc ou du jaune***，由混合物分餾或分子萃取而得，可加入食譜作爲防腐劑，或作爲活性成分添加在藥品中。

因此，我們也可能使用中間產物的蛋製品，像是已經打散成蛋液、或已分蛋（蛋白和蛋黃分開）的罐裝蛋來製作我們的食譜。

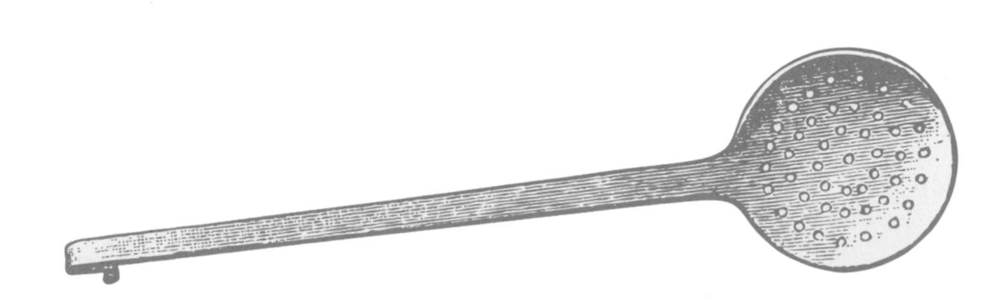

— TECHNIQUES 技巧 —

Œufs coque, mollets, durs

半熟水煮蛋、溏心蛋、全熟水煮蛋

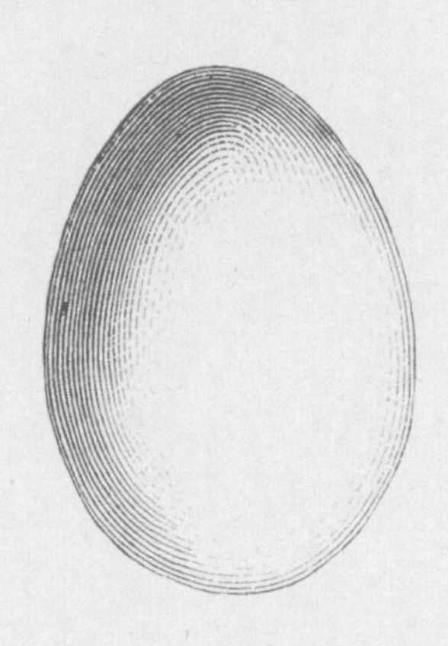

• 1 •

將預先放至室溫的蛋泡進沸水中。

• 3 •

將溏心蛋和全熟水煮蛋浸泡在冰涼的水中以停止烹煮。

• 2 •

水保持微滾沸的方式煮蛋，若要煮半熟水煮蛋（œufs coque）請煮3至4分鐘，溏心蛋（œufs mollets）請煮6分鐘，全熟水煮蛋（œufs durs）請煮9分鐘。

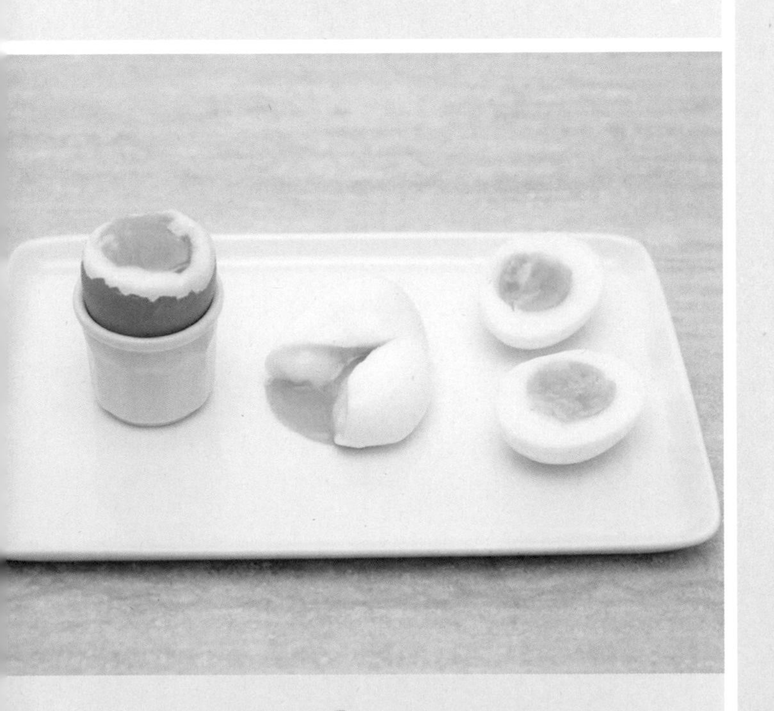

• 4 •

烹煮完成後，將半熟水煮蛋擺在蛋杯（coquetier）上，靜置2分鐘後食用。溏心蛋的蛋黃必須能夠流動，而且可以再重新復熱。全熟水煮蛋的中央必須還保留一點膏狀的蛋黃。

— FOCUS注意 —

在煮蛋的水中加入少許粗鹽可讓蛋殼剝起來更輕鬆。

— TECHNIQUES 技巧 —

Œufs pochés

水波蛋

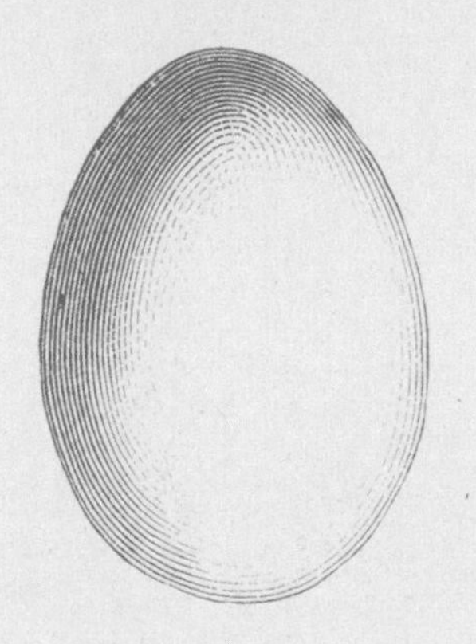

4人份

INGRÉDIENTS 材料

蛋4顆

醋(vinaigre)4大匙

USTENSILES 用具

小玻璃杯(Verrine)

漏勺(Écumoire)

• 1 •

將深度達一顆半的蛋等高的醋水煮沸。

• 4 •

用漏勺製造漩渦。

• 7 •

煮2至3分鐘。

• 8 •

在蛋白完全凝固時(蛋黃必須保持流動),將蛋從水中撈出。

• 2 •

每次都在小玻璃杯中倒入約1大匙的醋。

• 3 •

在小玻璃杯中打入1顆新鮮冰涼的蛋。

• 5 •

將蛋倒入漩渦中。

• 6 •

漏勺繼續攪拌。

• 9 •

放入冷水中止烹煮，將多餘的蛋白部分切去。

• 10 •

美觀並可享用的水波蛋大功告成。

— TECHNIQUES 技巧 —

Œufs brouillés

炒蛋

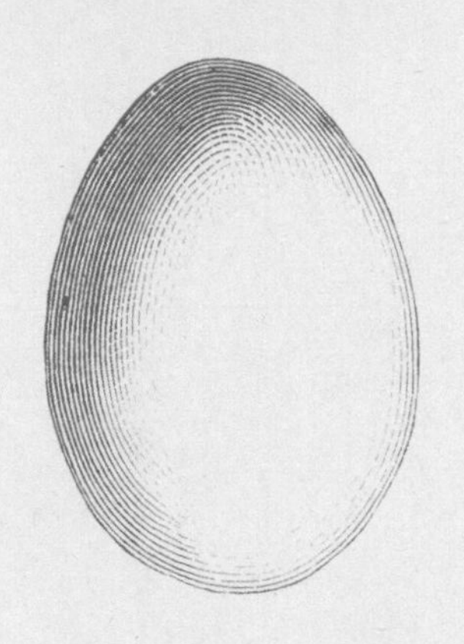

1人份

INGRÉDIENTS 材料

奶油50克
蛋3顆
液狀鮮奶油50克
鹽、胡椒粉

USTENSILE 用具

打蛋器（Fouet）或刮刀（spatule）

• 1 •

將奶油加熱至融化，但不要加熱至變色。

• 4 •

在蛋液開始凝固時將火轉小。

• 2 •

加入全部的蛋。

• 3 •

用打蛋器或橡皮刮刀緩緩攪拌，務必要將邊緣的蛋液攪向中央。

• 5 •

加入鮮奶油以中止烹煮。炒蛋應呈現乳霜狀。

• 6 •

將炒蛋攪拌均勻，並用鹽和胡椒粉調味。

— TECHNIQUES 技巧 —

Œufs en omelette plate

歐姆煎蛋

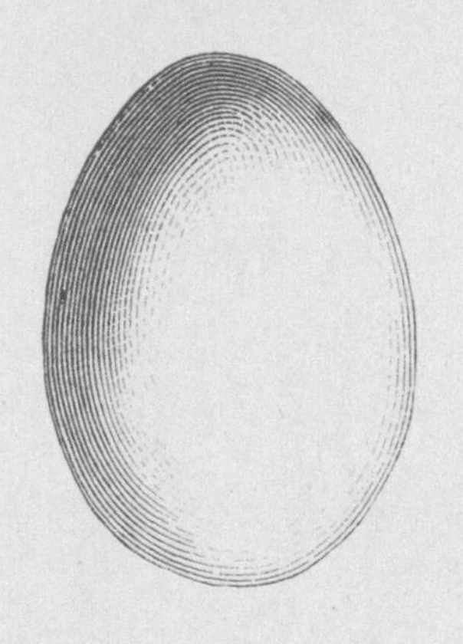

❁

1人份

INGRÉDIENTS 材料

奶油50克

蛋3顆

自行選擇的配料(香草類、火腿等)100克

鹽、胡椒粉

USTENSILE 用具

橡皮刮刀(Maryse)

• 1 •

在平底煎鍋中以旺火將奶油加熱至融化，但不要上色。

• 3 •

加入選擇的配料並加以調味。

• 5 •

用橡皮刮刀攪拌蛋液，讓蛋液均勻地加熱。

• 6 •

停止攪拌，繼續煎歐姆蛋，但不要煎至上色。

• 2 •

用叉子打蛋。

• 4 •

將蛋液倒入平底煎鍋中。

— FOCUS注意 —

為了製作鬆軟的歐姆蛋，
勿將蛋過度打發。請用叉子攪散混合，
以大火煎，但火不宜過旺。

• 7 •

像製作可麗餅般將歐姆蛋翻面，然後再繼續煎至想要的熟度。

• 8 •

將歐姆蛋盛盤，再放上裝飾。

— TECHNIQUES 技巧 —

Œufs en omelette roulée

歐姆蛋卷

1人份

INGRÉDIENTS 材料

奶油50克

蛋3顆

鹽、胡椒粉

USTENSILE 用具

橡皮刮刀（Maryse）

• 1 •

在平底煎鍋中以大火將奶油煎至融化，但不要上色。

• 3 •

將熟的部分拉往自己的方向，直到歐姆蛋完全煎熟（不要上色，以保有蛋的鬆軟度）。

• 4 •

將平底鍋傾斜，將上方向外折起，以形成橄欖球狀的歐姆蛋卷。

• 2 •

倒入蛋液（不要過度攪打，以保留鮮黃色），並在平底煎鍋中調味。

• 5 •

將歐姆蛋卷倒扣在盤中，並抹上1塊榛果大小的奶油以增加光澤（讓歐姆蛋卷稍微發亮）。

— FOCUS注意 —

這道食譜遠超出初學者的程度。
歐姆蛋卷能否成功主要取決於
火候的控制，
因為歐姆蛋卷必須快速凝固成形，
但同時又要保持滑嫩且不上色。

LES POISSONS, CRUSTACÉS, COQUILLAGES ET MOLLUSQUES

魚類、甲殼類、貝類和軟體動物

LES POISSONS 魚類

LES CRUSTACÉS, COQUILLAGES ET MOLLUSQUES 甲殼類、貝類和軟體動物

Les poissons
魚類

今日買魚已成為一種必須承擔責任的行為，因為這會引起漁業保育的問題。某些魚類，例如已經過度捕撈的鮪魚：繼續食用等於讓該物種消失。每一種魚都有其季節性，對應到該魚種一年中最盛產的時節，遵守季節性非常重要。當季的魚，價格較實惠，對您的荷包來說更為經濟，也是不可忽略的考量。

L'ÉTAT DES STOCKS 存貨狀況

捕魚在漁業保育的狀況中扮演著重要的角色，但實際的捕撈活動並非導致某些魚種減少的唯一原因。總體數量的狀況取決於各種因素的複雜作用。環境條件是最直接的影響，因為親本的生殖力、繁殖的成功與否、存活的基準和魚苗的成長都取決於此。這些條件會對幼體的存活率和物種的發展與更新產生作用，即使是如魚這樣一次可產下幾百萬顆卵的物種也是如此。再加上漁撈技術也會使這樣的環境變得非常敏感，因此在食用上需要三思和承擔責任。

PÊCHE ET QUALITÉ 漁獲與品質

魚類的品質取決於其天然環境。在狹窄池塘裡以飼料飼養的魚，品質絕對不會和野生的魚一樣。但捕撈和販售的方式也必須納入考量。

LA CONSOMMATION 食用

地方層面因素也會影響魚類的食用。東部地區食用魚的比例以100為指數佔70；食用魚的第一大區－大西部地區則可到達124。某些品種，如梭子蟹（étrille），只受到阿摩里卡半島（péninsule armoricaine）邊界內的人喜愛；七鰓鰻（lamproie）是吉倫特派（Girondins）最愛的魚類之一；油脂少的魚讓夏朗德人（Charentais）樂在其中；薩瓦人（Savoyards）和瑞士人則品嚐如白鮭（féra）或湖中騎士（北極紅點鮭l'omble chevalier）等湖魚。

LES TECHNIQUES DE PÊCHE 捕魚技術

***La pêche à la ligne* 線釣**（拖釣或竿釣）是最尊重環境，同時也能確保魚的品質無可挑剔的一種技術。每條魚經人工釣起，會立刻流血，接著以冰塊保存至上岸。這樣的魚比用網捕撈還要更鮮美許多。某些線釣的魚種，例如狼鱸，可從鰓上的標記來加以辨識，可看出捕魚的方法（尊重環境並在小船上進行）和地點。

***La pêche au filet* 撈網捕魚**，對自然造成的影響則不盡相同。某些撈網捕魚法，如底拖網（chalut de fond），會捕撈魚苗，對海底造成損害，破壞生態環境，並撈取部分固定棲息於海底的海洋生物（藻類、珊瑚）。網子撈起數百條魚，而那些先來到網子裡的魚互相擠在一起，會很快死亡，而且最終經常會被其他在牠們上面的數百條，甚至數千條魚給壓爛。

***Le mode de commercialisation* 販售方式**當然有其重要性。直接在港口販售，既不必忍受運輸，也很少會見到冰，魚顯得無比新鮮。沒有比這更好的方式。放在冰塊下、裝袋，再經過長途跋涉的魚不會有同樣的品質。

LA SAISONNALITÉ 季節性

魚類有其季節，而且經常受到捕撈的節奏所影響。狼鱸（Bar）和圓鱈（cabillaud）是冬天的魚；海螯蝦（langoustine）和麵包蟹（tourteau）在春天大量繁殖；夏季則要讓位給近海的長鰭鮪魚（thon germon）。到了秋天，新鮮的鯡魚（hareng）、鯡鯉（rouget barbet）和干貝（coquille Saint-Jacques）開始出現在菜單上。再加上像是不能吃肉等數以百計的宗教習俗，讓魚類能夠出現在禮拜五的食堂中。而在節慶時，我們的餐桌則擺滿了生蠔、龍蝦、海螯蝦和其他的高級海鮮。

LE CHOIX 選擇

從被捕撈起算，二天內的魚可視為非常新鮮，七天內可視為新鮮。請盡可能選擇以線釣釣起的魚、或近海捕撈的魚，並尊重其季節性。

CRITÈRES DE FRAÎCHEUR 新鮮的標準

除了海藻新鮮宜人的氣味外，***Le poisson 魚類***不應有其他的氣味。必須有光澤、魚鰓呈現鮮紅色、眼睛凸起、眼眶飽滿、肛門必須緊縮、腹部不應鼓起（放了一段時間而產生氣體的跡象），而且擺在冰上時不會流出任何的淡黃色液體。即使布滿了天然的黏液，魚身應該很硬，而且魚鱗和魚身緊緊相連。

去骨魚排（filet）部分，較難找到判斷是否新鮮的跡象，但仍然有一些判定的標準。首先魚肉不應有冰過的痕跡，也不該看起來像是用水洗過（表示冰過久），而且應該帶有珠光或虹彩。若是帶骨魚片（darne），中間或脊柱的骨頭絕對不可乾燥。

至於鮭魚，或多或少鮮明的粉色並非品質的象徵。例如野生鮭魚的顏色會比飼養的鮭魚要暗淡一點，而飼養鮭魚也會依販售地區的不同而呈現出不同的顏色。像這種特定的情況，標籤就是此食材額外的品質保證。

Conseils des chefs
主廚建議

帶骨魚片（darne）和魚段（tronçon）的不同：帶骨魚片為厚切片，魚段則是扁身魚：魴魚（saint-pierre）、大比目魚（grosse sole）、菱鮃（barbue）、大菱鮃（turbot）、鰈魚（carrelet）、庸鰈（flétan）等的切塊。先將魚縱切成兩半，接著再按比例切塊（請參考步驟技巧）。

購買時，請思考可食用的部分有多少。魚類經常會產生耗損（或切下的碎肉與魚骨），懂得利用這些碎肉並融入製作中，對成本的掌控很重要。無論如何，請您的魚販保留這些碎肉與魚骨，用來製作醬汁或魚高湯。

Conseils des chefs
主廚建議

為了確保魚類擁有最佳品質，請經常逛市場的攤販或拜訪固定的魚販。和您的魚販交談，建立起信賴的關係，他能夠教導您識別優選的食材。一道菜餚的成功與否大大取決於食材的新鮮度和品質。

LA CONSERVATION 保存

從市場回來後，務必要立刻將魚處理好，以確保能將魚保存在最理想的狀態下。無論如何都不該將魚留在原來的包裝裡。請將魚取出，掏空內臟、去掉鰓，沖洗後仔細擦乾，並在內臟原本的位置放入吸水紙。接著用保鮮膜將魚包起，冷藏保存。

請記得將魚擺在網架（grille）上，以免魚浸泡在自身的滲出液中。

Conseils des chefs
主廚建議

為了延長魚的保存期限，請使用「溫度衝擊 choc thermique」的技巧，可使用在魴魚和小型魚上。製作香料鹽水（saumure），將1.5公升的水煮沸，接著加入一些調味香料（平葉巴西利梗 queues de persil、韭蔥綠 vert de poireau、月桂葉 laurier、香菜籽 graines de coriandre 等）浸泡微滾15分鐘，關火後再加入500克的鹽，放涼。香料鹽水冷卻時，混入與香料鹽水等量的冰塊，接著將魚浸入，直到魚變得「緊實 cartonneux」（每10克的魚約浸泡1分鐘），瀝乾，並仔細擦乾，用保鮮膜包起，冷藏保存。這項技巧的好處是可以幫魚殺菌、延長保存期限，並將魚鹽漬入味。以上述做法處理好的魚肉隨時可進行烹煮。

LA CUISSON 烹調

油脂多的魚較適合燒烤或油煎。油脂少的魚適合蒸煮，並在享用時搭配醬汁。整體而言，魚最好以小火長時間加熱。若是帶骨魚片（darne），請選擇具一定厚度的，較有利於烹調。厚的帶骨魚片不會乾硬得太快。

Conseils des chefs
主廚建議

為了煙燻去骨魚排（filet），請放入平底煎鍋中，用茶或調味香料進行燻製。將魚排擺在網架上，並蓋上玻璃罩。魚將在煙燻的熱氣下變熟。

— SAISONNALITÉ DES POISSONS—
魚類的季節性

	1月	2月	3月	4月	5月	6月	7月	8月	9月	10月	11月	12月
AIGLEFIN 黑線鱈	■	■	■	■	■				■	■	■	■
ANCHOIS 鯷魚								■	■	■	■	
BAR 狼鱸	■	■	■							■	■	■
BARBUE 菱鮃								■	■	■	■	■
BROCHET 白斑狗魚				■								
CABILLAUD 圓鱈	■	■	■	■	■	■	■	■	■	■	■	■
CARPE 鯉魚	■	■	■						■	■	■	■
CARRELET OU PLIE 鰈魚	■	■	■	■	■							
CHINCHARD 竹莢魚						■	■	■	■	■	■	■
CONGRE 海鰻	■	■	■	■						■	■	■
DAURADE 鯛魚	■	■	■							■	■	■
ÉPERLAN 胡瓜魚	■	■										■
GOUJON ET GARDON 鮈魚和紅眼魚						■	■	■	■	■	■	■
GRENADIER 鼠尾鱈					■	■	■	■	■			
HARENG 鯡魚			■	■	■	■	■	■	■	■	■	■
LIMANDE 歐洲黃蓋鰈					■	■	■	■	■	■		
LIEU JAUNE 青鱈	■	■	■	■	■	■	■	■	■	■	■	■
LIEU NOIR 綠青鱈			■	■	■	■	■	■	■	■	■	■
MAQUEREAU 鯖魚	■	■	■						■	■	■	■
MERLAN 牙鱈						■	■	■	■	■	■	■
MERLU 無鬚鱈									■	■	■	■
MULET 鯔魚	■	■	■						■	■	■	■
OMBLE 紅點鮭					■	■	■	■	■			
PERCHE 鱸魚										■	■	■
RAIE 鰩魚	■	■	■	■	■	■	■	■	■	■	■	■
RASCASSE 鮋	■	■	■						■	■	■	■
ROUGET-BARBET 鯡鯉	■	■	■						■	■	■	■
ROUGET GRONDIN 紅羊魚	■	■	■						■	■	■	■
ROUSSETTE 貓鯊									■	■	■	
SAINT-PIERRE 魴魚				■	■	■	■					
SANDRE 梭鱸	■	■	■			■	■	■	■	■	■	■
SAR 白鯛	■	■	■	■	■	■	■	■	■	■	■	■
SARDINE 沙丁魚				■	■	■	■	■	■	■	■	■
SAUMON 鮭魚	■	■	■	■	■	■	■	■	■	■	■	■
SPRAT 黍鯡	■	■	■							■	■	■
SOLE 比目魚	■	■	■	■								
TACAUD 條長臀鱈						■	■	■	■	■	■	■
TANCHE 丁鱥	■	■	■	■	■	■	■	■	■	■	■	■

	1月	2月	3月	4月	5月	6月	7月	8月	9月	10月	11月	12月
THON BLANC GERMON 長鰭鮪魚												
TILAPIA 吳郭魚												
TRUITE 鱒魚												
TURBOT 大菱鮃												
CALMAR 魷魚												
SEICHE 墨魚												
POULPE 章魚												

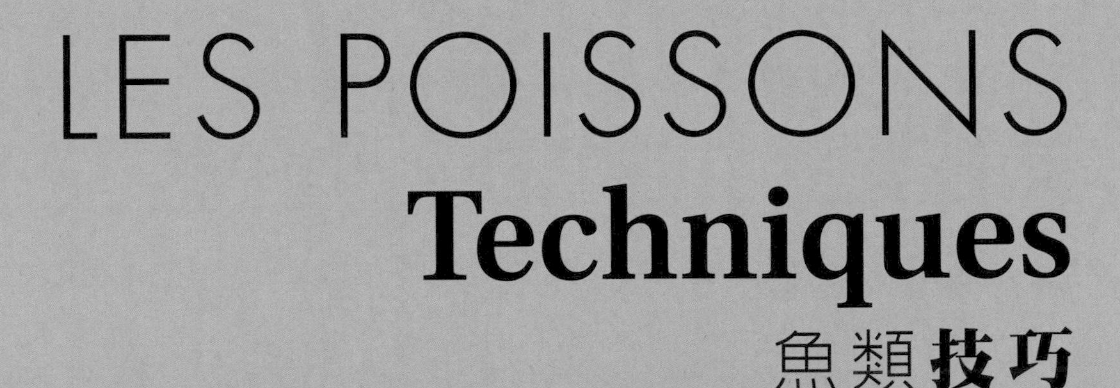

LES POISSONS
Techniques
魚類**技巧**

— TECHNIQUES 技巧 —

Habiller un poisson rond (rouget)

圓身魚的處理（紅鯔魚）

❁

USTENSILES 用具

剪刀（Paire de ciseaux）

去鱗刀（Écailleur）

— **FOCUS 注意** —

為了取下紅鯔魚的去骨魚排（filet），請參考116頁的技巧步驟解說。紅鯔魚體型較小，但所需的技巧相同。

• 1 •

用適當的剪刀修剪魚身（去掉魚鰭）。

• 2 •

從尾部朝頭部的方向刮去魚鱗。

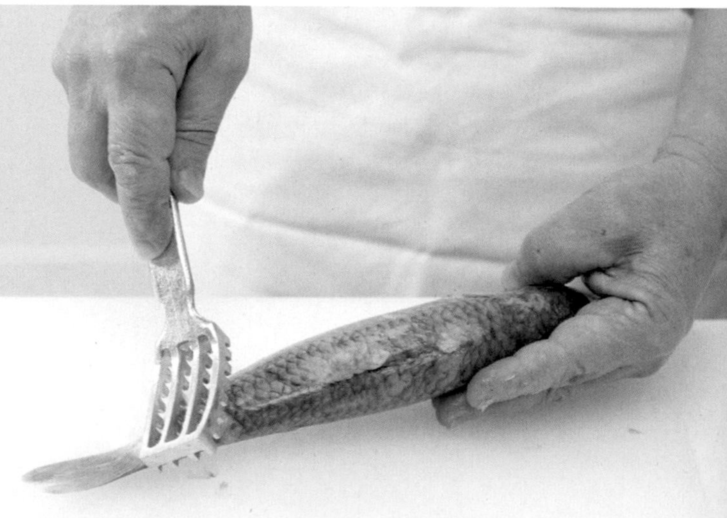

• 3 •

持續沿著脊骨刮除魚鱗，以方便取下去骨魚排（filet）。

Lever les filets d'un poisson rond (rouget)

圓身魚的去骨魚排（紅鯔魚）

USTENSILES 用具

刀

魚骨夾（Pince à désarêter）

• 1 •

劃定去骨魚排（filet）的範圍，從頭頂到腹部並繞過魚鰓，將兩邊切開。

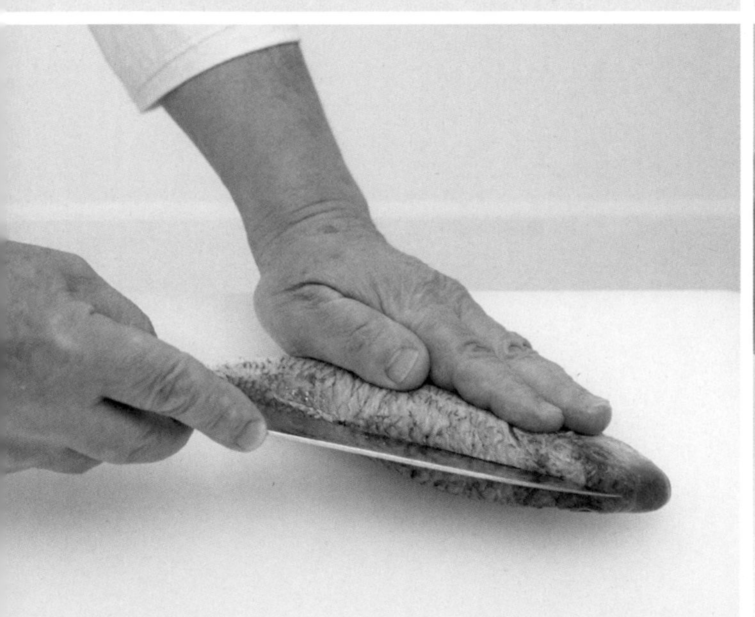

• 2 •

沿著脊骨將魚排連皮切開。

• 3 •

刀身保持緊貼魚骨，將一邊的魚排取下。

Habiller un poisson rond (bar)

圓身魚的處理（狼鱸）

USTENSILES用具

剪刀（Paire de ciseaux）

去鱗刀（Écailleur）

• 1 •

用適當的剪刀將魚鰭剪下。

• 3 •

用剪刀將腹部剪開，以便取出內臟，接著去除魚鰓。

• 2 •

從魚尾開始朝頭部的方向刮去魚鱗。

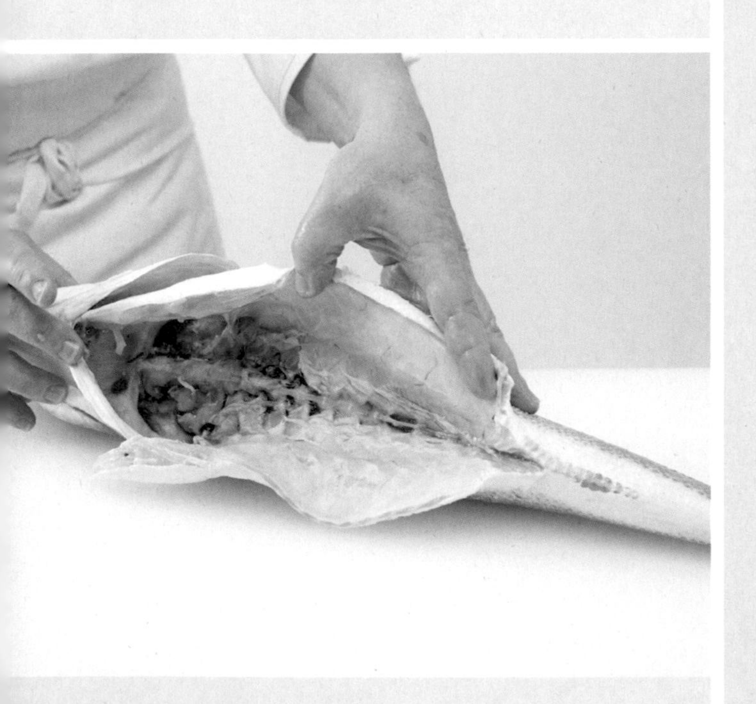

• 4 •

去除腹部的膜和血塊。

— FOCUS注意 —

先刮去魚鱗有利於取出內臟的動作。
接著取出內臟並清洗，之後便可依需求
進行去骨片魚的步驟。

Lever les filets d'un poisson rond (bar)

圓身魚的去骨魚排（狼鱸）

適用於大型魚的技巧

USTENSILE 用具
片魚刀（Couteau filet de sole）

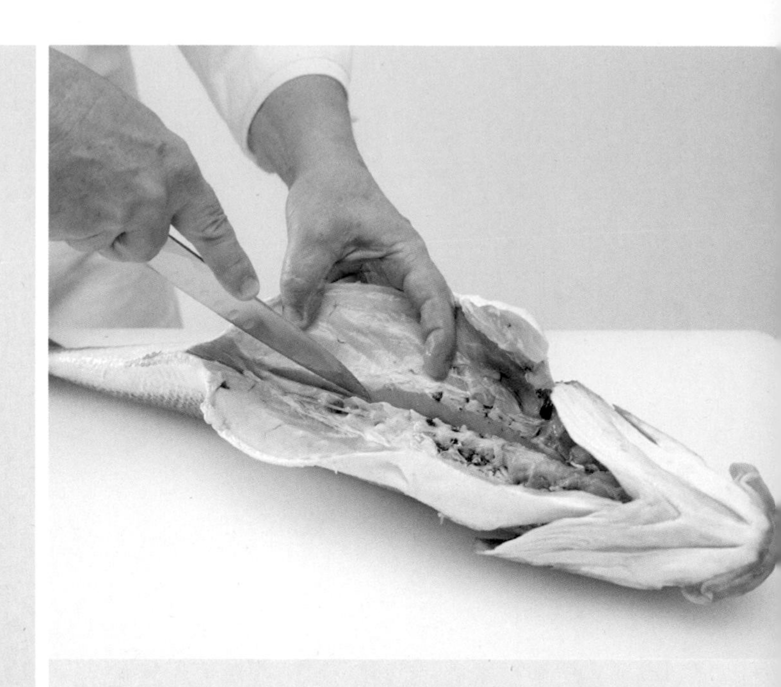

• 1 •
將已去除內臟的魚背部朝下，沿著胸廓將骨頭切斷。

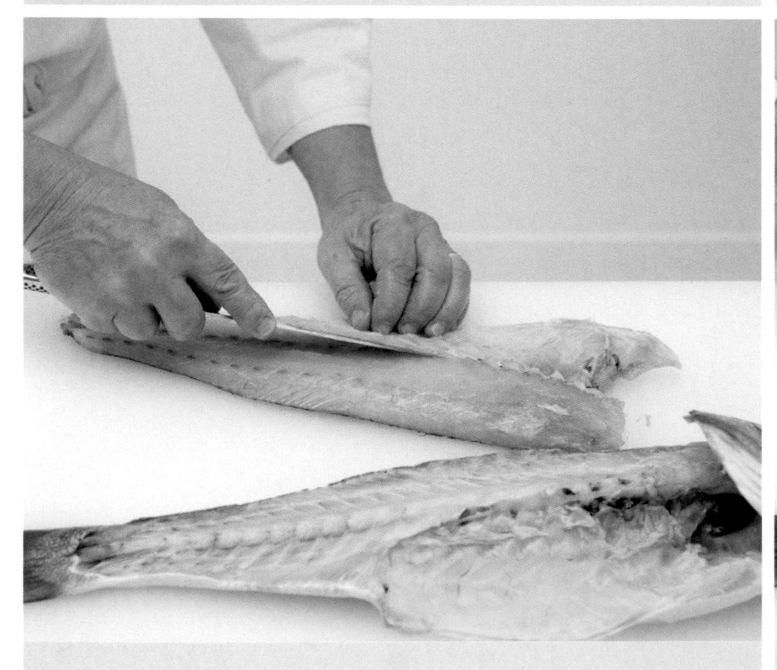

• 2 •
沿著背鰭將魚肉從腹部取下。

• 3 •
切去魚肉腹部的魚骨。

— TECHNIQUES 技巧 —

Détailler un poisson rond (bar)

圓身魚切塊（狼鱸）

USTENSILE 用具

刀

• 1 •

修整去骨魚排（filet），以取得規則的魚塊，接著滑動整個刀身，盡量一次地將魚塊切下。

• 2 •

將魚排切成磚形，而且每個磚形魚塊的大小和重量務必要相當。

• 3 •

將魚排修整後切成5塊磚形魚塊（魚腹部保留作其他用途）。

— TECHNIQUES 技巧 —

Désarêter un poisson rond (bar)

圓身魚去骨（狼鱸）

USTENSILES 用具

魚骨夾（Pince à désarêter）

刀

• 1 •

取下魚排後，去除位於腹部的骨頭。

• 2 •

修整魚排，去掉油脂部分以及背鰭和腹鰭的底部。

• 3 •

用魚骨夾依魚骨自然生長的走向，即從尾部朝頭部的方向，將魚肉內的刺拔出。在裝滿水的容器內漂洗，以去除魚骨夾上附著的魚刺。

— TECHNIQUES 技巧 —

Désarêter un poisson rond (rouget)

圓身魚的去刺（紅鯔魚）

USTENSILE 用具

魚骨夾（Pince à désarêter）

• 1 •

確定魚肉已修整完畢，腹部沒有殘留任何魚骨。

• 2 •

用魚骨夾拔出魚肉內，以及明顯位於魚排（filet）中央的所有魚刺。

Habiller un poisson plat (barbue)

扁身魚的處理（菱鮃）

USTENSILES 用具

片魚刀（Couteau filet de sole）
剪刀
刀

• 1 •

沿著頭部外緣切割，劃定片魚的範圍。

• 2 •

沿著脊柱切割，劃定片魚的範圍。

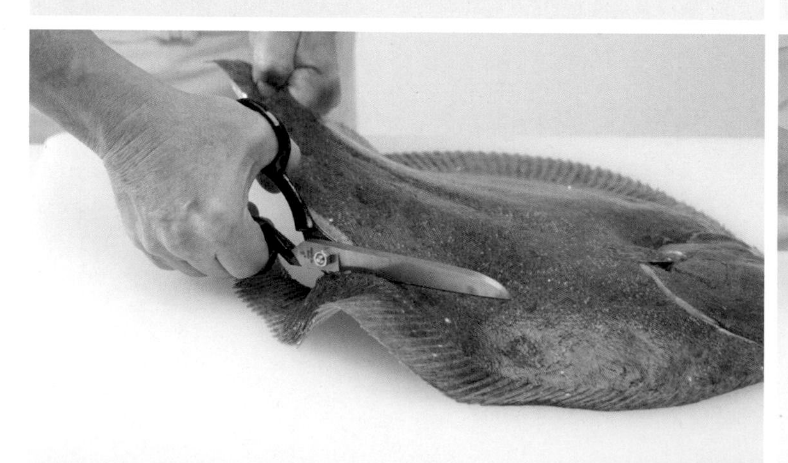

• 3 •

用適當的剪刀修剪（去除魚鰭）。

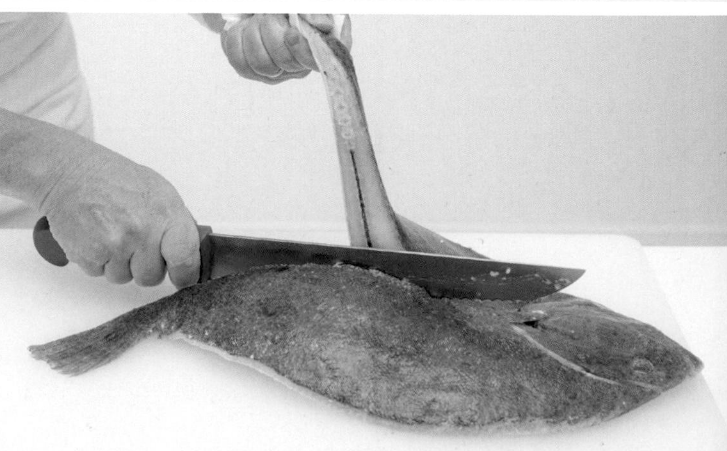

• 4 •

沿著脊柱，接著劃過頭部，將魚切成兩半。

— TECHNIQUES 技巧 —

Détailler un poisson plat (barbue)

扁身魚的切塊（菱鮃）

USTENSILE 用具

刀

• 1 •

沿著脊柱，接著劃過頭部，將魚切成兩半。

• 2 •

將魚排（filet）分切成每份約200克的塊狀。

• 3 •

將魚切成8塊，背部5塊，腹部3塊。

— TECHNIQUES 技巧 —

Habiller un poisson plat (sole)

扁身魚的處理(比目魚)

USTENSILES 用具

剪刀

片魚刀(Couteau fiet de sole)

去鱗刀(Écailleur)

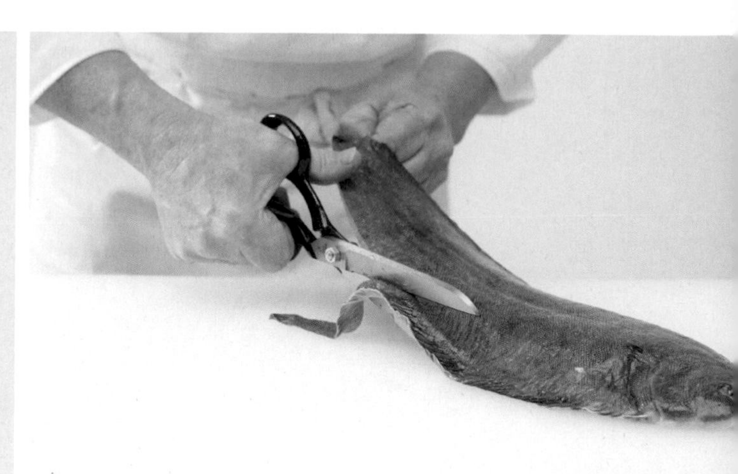

• 1 •

用適當的剪刀修剪魚(去除魚鰭)。

• 3 •

用片魚刀輕刮軟骨以剝皮。

• 5 •

將白色皮部分刮去魚鱗(若要烹調整條魚的話)。

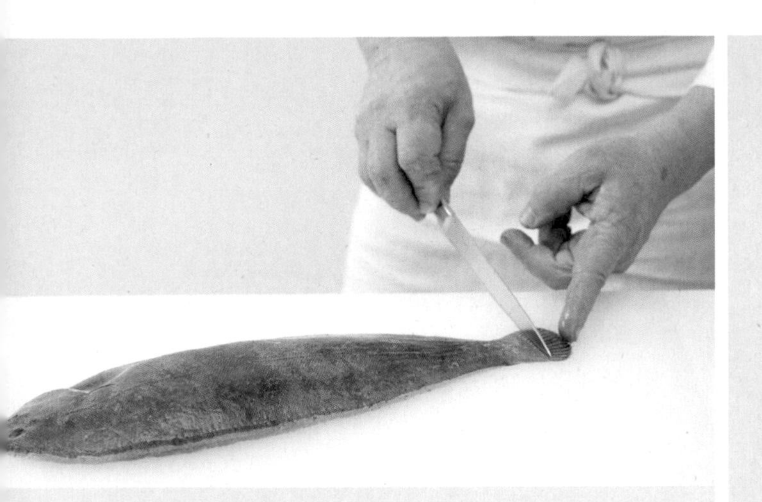

• 2 •

用片魚刀將魚尾末端切開，但不要將軟骨切斷。

• 4 •

用吸水紙(papier absorbant)緊握魚尾，接著將皮拔起。

— FOCUS注意 —

比目魚是一種特別的魚，
因為牠一面光滑，一面有鱗。
為了將黑色皮取下，
訣竅在於將扁平的身魚固定，
用吸水紙輔助來剝皮。

• 6 •

以斜切的方式將頭部和身體分開，以保存靠近頭部的魚肉。

• 7 •

用適當的工具將卵囊取出。

Lever les filets d'un poisson plat

扁身魚的去骨魚排

USTENSILES 用具

片魚刀（Couteau fiet de sole）

壓板（Batte）

• 1 •

劃過頭部，接著沿著脊柱切割，劃定片下魚排的範圍。

• 4 •

繼續片下另一邊的魚肉。

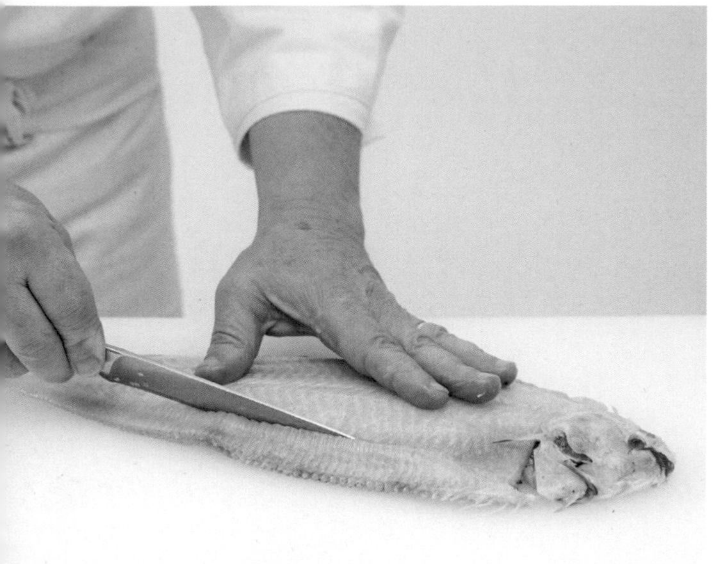

• 2 •

將脊肉與鰭骨分開。

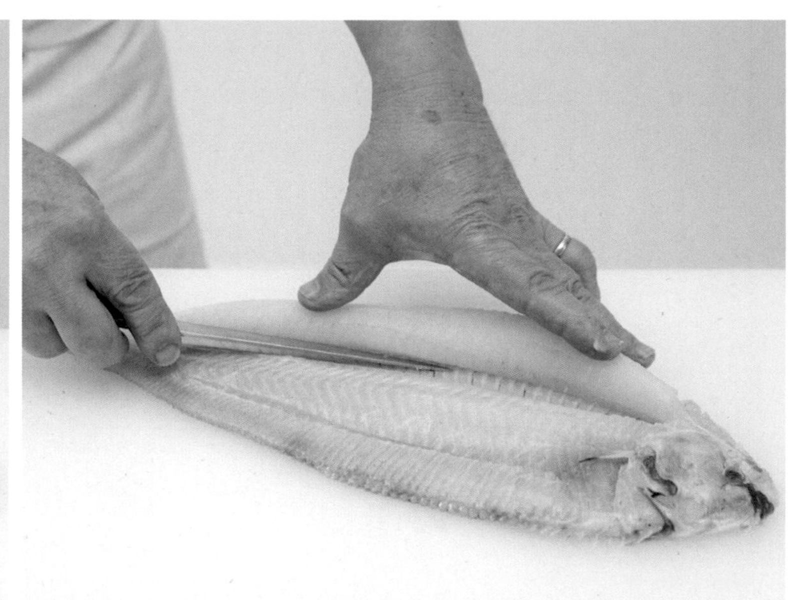

• 3 •

利用片魚刀的彈性，靠著脊柱和魚骨部分將脊肉剝離。

• 5 •

修掉較薄部分。

• 6 •

將去骨魚排擺在兩張「塑膠片 papier « guitare » 」或烤盤紙中間，接著用壓板或寬刀的刀身壓平。

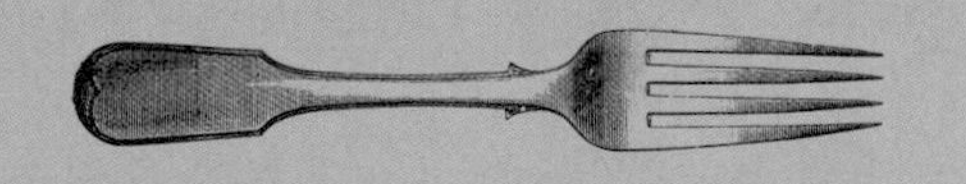

LES POISSONS
Recettes
魚類食譜

等級 1

✻

SAINT-PIERRE DE PETITS BATEAUX RÔTI AUX TOMATES GREEN ZEBRA, OLIVES NOIRES ET AMANDES

烤船釣魴魚佐綠斑馬番茄、黑橄欖和杏仁

6人份
準備時間：30分鐘
烹調時間：35分鐘

INGRÉDIENTS 材料

2.5公斤的魴魚1隻或
1.5公斤的魴魚2隻
(應有750克的魚肉)
普羅旺斯波城橄欖油500毫升
綠斑馬番茄
(tomates green zebra)600克
檸檬百里香(thym citron)½小束

caviar d'aubergines 茄香魚子醬

紫色茄子2條
橄欖油
綠色和紫色羅勒1小束
咖哩粉
艾斯伯雷紅椒粉
(piment d'Espelette)
鹽、胡椒

dressage 擺盤用

塔卡西橄欖
(olives taggaches)200克
新鮮杏仁片250克

USTENSILES 用具

電動攪拌器(Robot mixeur)
燉鍋(Cocotte)
不沾平底煎鍋
(Poêle antiadhésive)

1› 將魴魚分切成去骨魚排(filets)，順著天然的紋理，將每片魚排切成3塊漂亮的火焰狀(見124頁的技巧)，剝去魚皮，保存在陰涼處。保留魚骨作為其他配方用(例如魚高湯)。

2› 在鑄鐵鍋中熱橄欖油，油煎切塊的綠斑馬番茄、2至3枝的檸檬百里香、鹽和胡椒。燉煮，將湯汁收乾，再用電動攪拌器攪打，以獲得庫利(coulis)。預留備用。

3› 製作茄香魚子醬：用刀在整條茄子上戳洞。

4› 為茄子淋上一些橄欖油，以鋁箔紙包起烤至熟。

5› 將烤熟的茄子縱向切開，將果肉挖出。

6› 混合1大匙的橄欖油和約略切碎的羅勒葉，接著再以鹽、胡椒、咖哩粉和艾斯伯雷紅椒粉進行調味。

7› 為火焰狀的魴魚塊進行調味，接著在平底煎鍋中以橄欖油油煎。用針戳進魚肉來確認烹煮狀態，針取出時必須是溫的，但還不到熱的狀態。

8› 擺盤：將一些茄香魚子醬擺在盤子中央，放上魴魚，最後再撒上塔卡西橄欖片、新鮮杏仁片和幾片羅勒，並在盤子四周淋上2道綠番茄庫利。

等級 2

✻✻

6人份
準備時間：1小時15分鐘
烹調時間：25分鐘

INGRÉDIENTS 材料
2.5公斤的魴魚1隻

assaisonnement extérieur 外部調味
乾燥且切碎的迷迭香1大撮
乾燥且切碎的捲葉巴西利
乾燥且切碎的柳橙皮
羅勒油
鹽、胡椒

assaisonnement intérieur 內部調味
新鮮百里香、羅勒和平葉巴西利1小把

garnitures 配菜
當地的櫛瓜(黃色、綠色或碟瓜 pâtisson)
迷你茴香(mini-fenouil)6棵
紫蘆筍(asperge violette)1小束
小蠶豆(févette)400克
普羅旺斯紫朝鮮薊1小束
麵粉
羅斯瓦紅皮馬鈴薯500克
粉紅蒜(ail rose)2瓣
奶油100克
橄欖油100克

jus de tomate 番茄汁
大蒜2瓣
羅馬番茄(tomate roma)500克
球莖茴香(fenouil)1顆
橄欖油
龍蒿(estragon)

fiition du jus de tomate 番茄汁的最後加工
乾燥番茄丁50克
剪碎的羅勒¼小束
去核且切成薄片的尼斯黑橄欖50克

décoration 裝飾用
茴香籽(Germes de fenouil)
綠羅勒、紫羅勒嫩葉
當季的可食花瓣
烤櫻桃番茄4串

USTENSILES 用具
剪刀
漏斗型濾器(Chinois)
烤盤(Plat de cuisson)
煎炒鍋(Sauteuse)
漏斗型網篩(Chinois étamine)

SAINT-PIERRE DE PÊCHE LOCALE RÔTI AUX SAVEURS DE PROVENCE
普羅旺斯風烤現捕魴魚

1› 魚的準備：處理魴魚（見120頁的技巧）。從腹部切開一個小口，將內臟掏出，接著將背鰭的肉切下，以利上菜時進行分切，並以材料表指示的調味料爲魚的外部和內部調味。預留備用。

2› 製作配菜：將櫛瓜切成4塊，迷你茴香切成二半，將蘆筍斜切（將蘆筍尖切成斜面），接著將蔬菜各別分開燙煮。將小蠶豆剝殼，放入沸水中燙煮，去皮後分成2瓣，再放入奶油和橄欖油中加熱。削切普羅旺斯紫朝鮮薊（見446頁的技巧），放入白色煮汁（水和麵粉的混合）中煮至軟熟。將馬鈴薯切成半圓形薄片，和帶皮的粉紅蒜、橄欖油和奶油一起擺在炙烤盤（lèchefrite）上，放入180℃（熱度6）的烤箱中烘烤。

3› 製作番茄汁：將蒜瓣和番茄切成二半，將茴香切成薄片，接著加熱的少許橄欖油，將蒜瓣、茴香片和龍蒿炒至出汁。

4› 加入番茄，加蓋密封以收集蒸發的水分，然後放入170℃（熱度6）的烤箱中烘烤。

5› 用漏斗型濾器過濾。

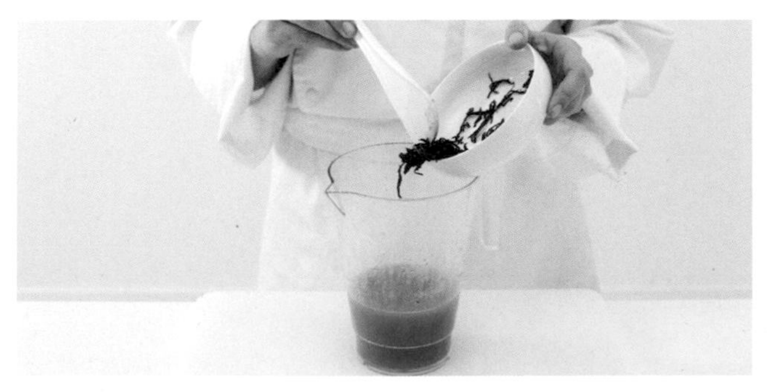

6› 加入番茄汁最後完成的其他食材（見材料表）。

7› 將魴魚放入烤箱的炙烤盤或烤盤中，淋上一些橄欖油，在160℃（熱度5）的烤箱中烘烤20分鐘。

8› 擺盤：將魚擺在盤中，用橄欖油和奶油將蔬菜各別分開油煎，接著和諧地擺在魚的周圍，淋上番茄汁。以烤櫻桃番茄進行裝飾。在擺盤的盤子上將魴魚分切，流出的魚汁在和番茄汁結合後，醬汁才能臻於完美。

等級 3

✻✻✻

SAINT-PIERRE DE PETITS BATEAUX À LA VAPEUR DOUCE DE MENTHE POIVRÉE, RÂPÉ DE TRUFFE NOIRE, ASPERGES DE MALLEMORT MINUTE

清蒸船釣魴魚佐胡椒薄荷、黑松露片、快炒馬勒莫蘆筍

巴黎斐杭狄導師會議成員安娜-蘇菲·皮克 Anne-Sophie Pic

6人份
準備時間：30分鐘
烹調時間：20分鐘

INGRÉDIENTS 材料

Saint-pierre魴魚
80克的魴魚6塊
細鹽

l' huile de menthe薄荷油
橄欖油250毫升
胡椒薄荷葉（feuilles de menthe poivrée）35克

garnitures配菜
馬勒莫（Mallemort）綠蘆筍12根
橄欖油一些
蔬菜高湯（bouillon de légumes）450毫升
胡椒薄荷30克
細鹽

la sauce truffe-asperge松露蘆筍醬
蘆筍烹煮原汁（jus de cuisson des asperges）60克
煮熟的蘆筍莖（queues d' asperges cuites）60克
薄荷油（huile de menthe）12克
切碎的黑松露（truffe noire）10克

fiition 最後完成
黑松露12片
鹽之花（Fleur de sel）

USTENSILES 用具
烹飪專用溫度計
（Thermomètre de cuisson）
蒸鍋
細孔濾布（Linge fin）

被選爲2007年最佳主廚的安娜-蘇菲·皮克是法國唯一獲得《米其林指南le Guide Michelin》三星光環加持的女性廚師。她將1889年由她曾祖母蘇菲創立的餐廳： Nationale 7經營得有聲有色，總是吸引美食家慕名而來。

薄荷油：在平底深鍋中（casserole）將一半的橄欖油加熱至120℃。待油熱到適當的溫度時，加入預先清洗並擦乾的薄荷葉。控制溫度，溫度必須再度達到120℃。同時準備一個沙拉攪拌盆，裡面裝冰塊和另一半份量的油。將薄荷葉從熱油中撈出，停止加熱。熱油冷卻後混入冷油和撈出的薄荷葉。以電動攪拌器攪打，接著以細孔濾布過濾。預留備用。

魚的準備：將魴魚處理成去骨魚排（filet），調味並保存在陰涼處。

製作配菜：去掉綠蘆筍的鱗芽。在煎炒鍋中加熱少許的橄欖油，快炒蘆筍，但不要炒上色。加鹽，淋上些許蔬菜高湯並加入薄荷葉，炒好的蘆筍必須仍保持清脆。預留備用。

松露蘆筍醬的調配：收集蘆筍的烹煮原汁，接著和蘆筍莖一起以電動攪拌器攪打，若有需要的話，再加上少許的松露原汁。過濾。加入薄荷油和切碎的松露，調整一下調味。保溫。

最後完成及擺盤：將蒸鍋預熱，將預先淋上橄欖油而帶有光澤的魴魚排蒸2分鐘，接著靜置2分鐘。在這段時間，將蘆筍擺盤，並在2分鐘的靜置後擺上魴魚。和諧地擺上松露片。最後再淋上醬汁和幾滴的薄荷油。

— *Recette* —
食譜出自

等級 1

✻

SOLE GRENOBLOISE

格勒諾布爾比目魚

6人份
準備時間：1小時
烹調時間：45分鐘

INGRÉDIENTS 材料
350克的比目魚（sole）6隻
牛乳200毫升
麵粉150克
花生油（huile d'arachide）150毫升
奶油140克
鹽

garniture grenobloise
格勒諾布爾配菜
吐司（pain de mie）200克
澄清奶油（見66頁）100克
檸檬（citron）8顆
捲葉巴西利½小束
硬質馬鈴薯（pommes de terre à chair ferme）1.5公斤

beurre grenoblois
格勒諾布爾奶油醬汁
奶油100克
檸檬汁200克
酸豆（câpre）100克

USTENSILES 用具
煎魚橢圓平底鍋
（Poêle à poisson ovale）
蒸鍋

1› 比目魚的處理：去鰭刺、去頭、掏空內臟、將白皮部分去鱗、剝掉黑色的皮（從尾巴朝頭部方向剝起），沖洗並仔細擦乾（或要求您的魚販幫您處理）。

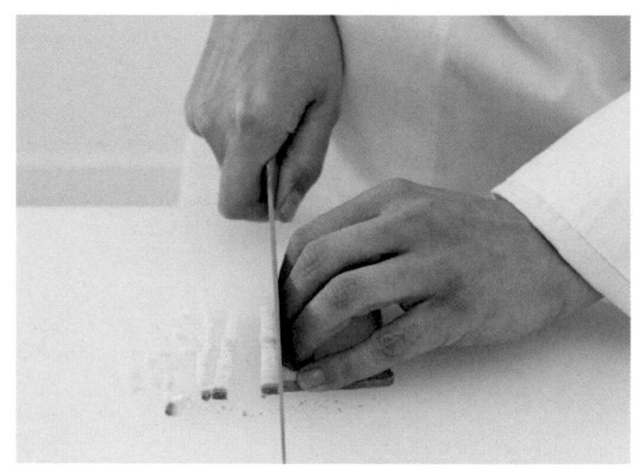

2› 製作格勒諾布爾配菜：將吐司片冷凍至變硬，切成小丁，用澄清奶油和1撮鹽煎至金黃色。用濾器瀝乾後擺在吸水紙上。

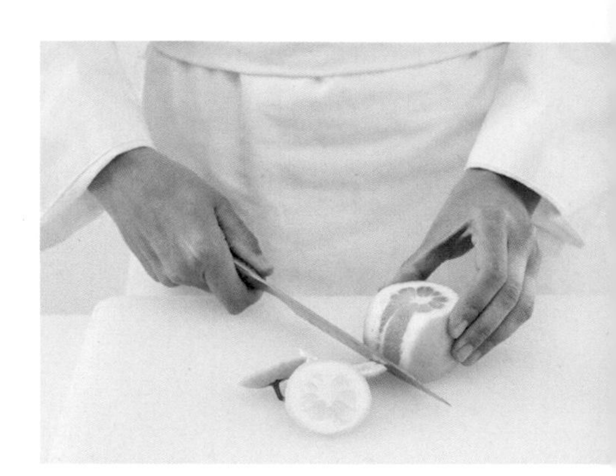

3› 將檸檬削皮，取出完整果肉（用刀去掉果皮和白色中果皮的部分—見652頁），將頂端切下（去頭尾），將果肉切塊。清洗巴西利嫩芽、瀝乾、切碎，預留備用。將馬鈴薯削皮、清洗和修切（用水果刀切成橄欖形—見508頁），接著進行蒸煮。

4› 比目魚的「奶油香煎meunière」式烹煮：將比目魚放入牛乳中浸泡，再小心地瀝乾，調味，沾裹上薄層麵粉，去掉多餘的麵粉，平底鍋中加熱油、奶油及1撮鹽，接著放入魚，白皮部分先煎。在煎成漂亮的金黃色後翻面，接著持續舀起榛果色的起泡奶油淋在魚上。測試脊肉至魚骨的烹煮程度（用刀尖確認是否煎熟，魚肉必須不沾黏）。

5、最後完成及擺盤：將比目魚擺在上菜用的餐盤上。製作格勒諾布爾奶油：在平底煎鍋中將奶油加熱至呈現榛果色，接著倒入檸檬汁，加入酸豆，並爲比目魚淋上這奶油醬汁。最後放上蒸好的馬鈴薯，撒上切碎的巴西里、檸檬塊和麵包丁。

等級 2

✻✻

TRONÇON DE SOLE FAÇON GRENOBLOISE, BEURRE AGRUMES-CAROTTE

格勒諾布爾比目魚塊佐柑橘胡蘿蔔奶油醬汁

6人份
準備時間：1小時30分鐘
烹調時間：50分鐘

INGRÉDIENTS 材料

大比目魚(grosse sole)3隻
(600至800克的去骨魚排)
牛乳200毫升
麵粉300克
油100克
奶油100克
鹽、胡椒

***garnitures*配菜**

吐司200克
葡萄柚3顆
帶梗的酸豆(câpres à queue)100克
魚子檸檬(citrons caviar)2顆
硬質馬鈴薯1公斤
雞油蕈(girolle)250克
丁香(clous de girofle)3顆
奶油60克
橄欖油100毫升
大蒜1瓣

beurre agrumes-carotte
柑橘胡蘿蔔奶油醬汁

柳橙4顆
檸檬2顆
胡蘿蔔1公斤
奶油100克

fiition 最後完成

水耕鹽角草(salicorne cress)1盒
水耕琉璃苣(bourrache cress)1盒
迷你三色堇(mini-pensées)½盒
魚子檸檬2顆

USTENSILES 用具

蔬果榨汁機
平底煎鍋
蒸鍋

1› 比目魚的處理：去鰭刺、去頭、清除內臟、刮去白皮的魚鱗、剝掉黑皮（從魚尾朝頭部剝離）、清洗並仔細瀝乾。從長邊將比目魚切成兩段魚塊（tronçon）並預留備用。

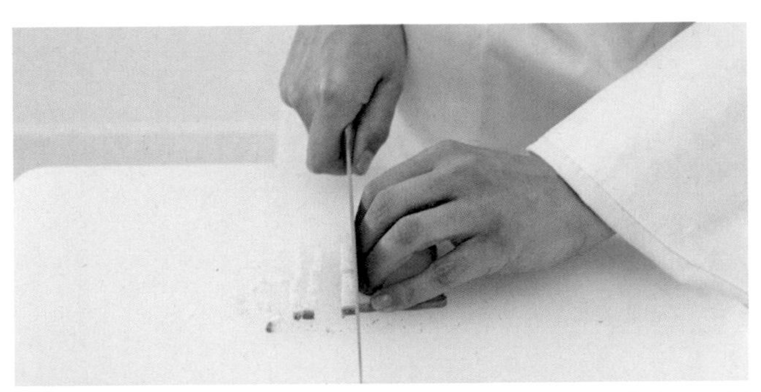

2› 製作配菜：將吐司片冷凍，讓吐司變硬，接著切成小丁，擺在不沾烤盤（或烤箱的炙烤盤）上，放入預熱至120℃（熱度4）的烤箱，烤至吐司變爲金黃色。

3› 將葡萄柚去皮，取出完整的果肉（將果皮和白色中果皮部分都去掉，讓果肉露出—見652頁），將果肉一瓣一瓣地取下，如果太厚，就剖成2份，形成小塊（小三角形），並保留果汁，作爲柑橘奶油醬（beurre d'agrumes）使用。預留備用。

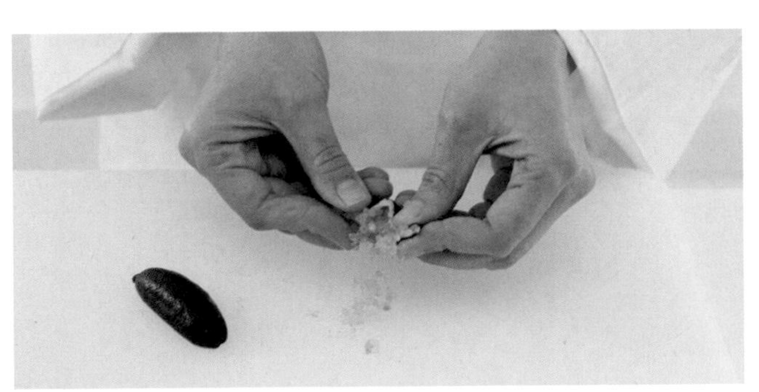

4› 將大顆的酸豆切成兩半，用刀將魚子檸檬縱切成兩半，將魚子顆粒狀的果肉取出。

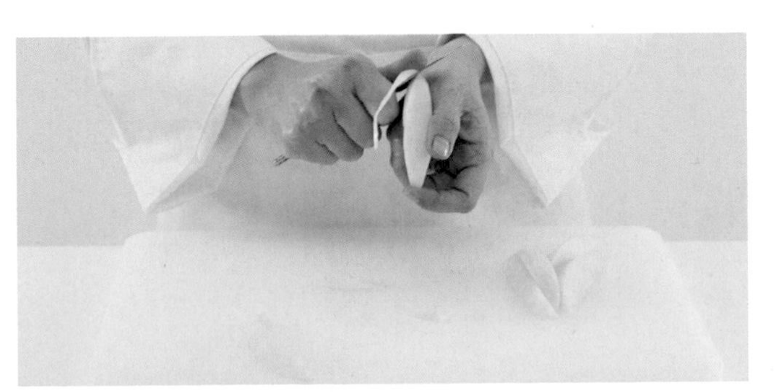

5› 將馬鈴薯削皮、清洗、切成¼長條，並用削皮刀將棱角修圓，接著進行蒸煮，煮至刀尖可以輕鬆插入馬鈴薯爲止。

6› 快速清洗雞油蕈，仔細瀝乾，擺在吸水紙上，接著先以奶油和油進行第一次快炒，接著加入壓碎的蒜瓣和核桃大小的奶油，第二次以小火油煎。

7› 製作柑橘胡蘿蔔奶油醬汁：將柳橙和檸檬榨汁，將胡蘿蔔削皮並榨汁。將胡蘿蔔汁與柳橙汁、檸檬汁混合。將奶油切成小塊，保存在陰涼處備用。

8› 對切段的比目魚塊進行「奶油香煎meunière」式烹煮：將比目魚塊放入牛乳中浸泡，小心瀝乾，調味，放入麵粉中沾裹，然後去掉多餘的麵粉，讓比目魚只覆蓋一層薄薄的麵粉。

9› 在煎魚的平底鍋中加熱油、奶油和1撮鹽，然後將比目魚的白皮面朝下，擺在平底鍋中，煎出漂亮的顏色時翻面，接著將榛果色的起泡奶油持續地淋在魚上。將刀尖（或針）插入至魚骨處，測試烹煮程度（魚肉不能沾黏）。

10› 擺盤：將比目魚塊盛盤，放上葡萄柚的果肉，接著將柑橘與胡蘿蔔汁倒入平底煎鍋中，煮沸後加入冰涼奶油用打蛋器持續攪打混合，讓醬汁乳化（émulsion）並形成（會附著於食物上的濃稠質地nappante），調整味道後淋在魚肉上。撒上小麵包丁、酸豆、魚子檸檬，並加入水耕蔬菜。在周圍隨意擺上蒸馬鈴薯和雞油蕈，最後再加入迷你三色堇的花。

等級 3

✻✻✻

TRAVERS DE SOLE AU VIN JAUNE, COQUILLAGES ET FONDUE DE TÉTRAGONE

黃葡萄酒比目魚佐貝類和番杏奶油醬

米歇爾·羅斯Michel Roth，巴黎斐杭狄副教授、
1991年MOF法國最佳職人、1991年Bocuse d' Or博庫斯烹飪賽金獎。

6人份
準備時間：40分鐘
烹調時間：40分鐘

INGRÉDIENTS 材料

半鹽奶油（beurre demi-sel）200克
紅蔥頭2顆（剝皮並切碎）
鳥蛤（coque）和文蛤（vernis）600克
白酒100毫升
法式酸奶油（crème fraîche）150毫升
黃葡萄酒（vin jaune）70毫升
哈特（ratte）馬鈴薯600克（去皮、清洗並切成高5公分直徑2公分圓柱狀）
比目魚3條（處理成每片500克去骨魚排）（每人2片魚排）保留魚骨
番杏（tétragone）400克
粉紅蝦（明蝦）12隻（去殼並煮熟）
香葉芹和蒔蘿（aneth）少許

USTENSILES用具

漏斗型網篩
烤盤（Plat de cuisson）
煎炒平底鍋（Sauteuse）

米歇爾·羅斯是法國最偉大的主廚之一，自然也囊括最多的獎項。他在1991年間就獲得了二項料理界的最高殊榮。這名極爲謙遜的主廚，不但發揚法國的美食，更傳播至全世界。

醬汁：在煎炒平底鍋中將核桃大小的奶油加熱至融化。加入切碎的紅蔥頭，接著是鳥蛤和文蛤，倒入白酒，加蓋燉煮約5分鐘。將貝類瀝乾，去殼備用，並用漏斗型網篩過濾出原汁，預留備用。在平底深鍋（marmite）中用核桃大小的奶油煎切成小塊的比目魚骨，煎至漂亮的金黃色，接著倒入貝類的原汁和法式酸奶油，以小火將原汁收乾一半；加入黃葡萄酒。加鹽、胡椒調味，用漏斗型網篩過濾醬汁。保溫備用。

馬鈴薯的烹煮：在燉鍋中將100克的半鹽奶油加熱至融化，接著加入圓柱狀的馬鈴薯。撒上一點鹽，加蓋，以文火加熱30分鐘。經常攪拌，讓奶油包覆馬鈴薯，馬鈴薯必須煮至軟化。

比目魚：爲比目魚排撒上鹽，每2片用塗有少量奶油的微波用保鮮膜（film de cuisson）捲起。用繩子將兩端牢牢綁起，然後放入微滾的水中煮5至6分鐘。將比目魚從水中撈起，去掉保鮮膜。淋上大量的黃葡萄酒醬汁，保溫備用。

番杏的烹煮：在平底煎鍋中將50克的半鹽奶油加熱至融化。在奶油起泡時，加入番杏的嫩葉，接著是鳥蛤、文蛤和去殼去頭的蝦肉。加鹽和胡椒調味，快速翻炒後盛起保溫備用。

擺盤：將比目魚排擺在每個餐盤中央。在周圍擺上圓柱狀的馬鈴薯、番杏嫩葉、蝦子和貝類。以少許香葉芹和蒔蘿裝飾。

最後完成：用電動攪拌器將醬汁打至滑順，淋上並即刻享用。

— *Recette* —

食譜出自

米歇爾·羅斯 MICHEL ROTH, BAYVIEW *, RESTAURANT DE L'HÔTEL PRÉSIDENT WILSON

(日內瓦 GENÈVE)

等級 1

✻

PAVÉ DE SAUMON EN PAPILLOTE, CROUSTILLE AUX ÉPICES, BOUILLON AUX HERBES

紙包鮭魚排佐香料脆片和香草湯

6人份
準備時間：40分鐘
烹調時間：20分鐘

INGRÉDIENTS 材料
鮭魚（saumon）6塊
鹽之花（Fleur de sel）
艾斯伯雷紅椒粉
（Piment d' Espelette）
朗多克不甜白酒（vin blanc sec du Languedoc）100毫升

garnitures ***配菜***
鹽角草（salicorne）200克
細長的法國四季豆200克
帶葉子的新鮮胡蘿蔔
（carotte nouvelle）200克
白蘿蔔（navet long）200克

croustilles aux épices ***香料脆片***
胡蘿蔔泥
（purée de carottes）80克
軟化的奶油
（beurre pommade）80克
蛋白80克
麵粉80克
艾斯伯雷紅椒粉
香菜粉
小茴香粉（Cumin）

bouillon aux herbes ***香草湯***
魚高湯（見26頁）500克
鮭魚烹煮原汁
（Jus de cuisson du saumon）
綠色蔬菜凝塊（見62頁）50克
香葉芹1小束

USTENSILES 用具
烤盤紙（Papier sulfurisé）
（或紙包用的透明烘焙紙 film de cuisson cristal transparent）
逗號形狀的模板
（Pochoir en forme de virgule）

1› 將鮭魚切成大塊狀，以鹽之花和艾斯伯雷紅椒粉調味。預留備用。

2› 製作配菜：燙煮鹽角草，將法國四季豆進行英式汆燙anglaise（放入加鹽的沸水中）10分鐘，將帶葉子的新鮮胡蘿蔔和白蘿蔔削皮、清洗，並切成條狀（長3至4公分的小棍狀－見438頁），接著同樣以英式汆燙10分鐘。

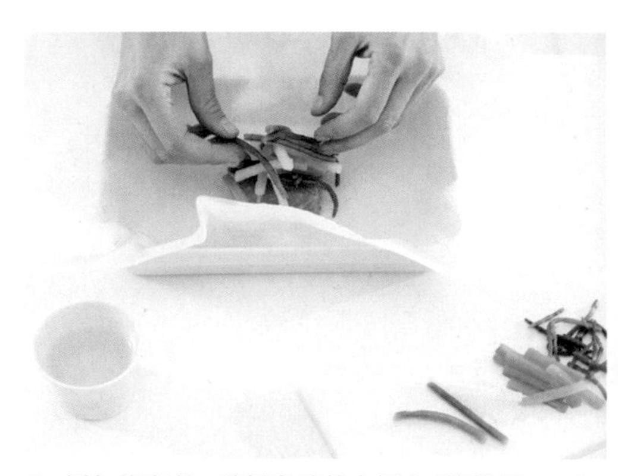

3› 紙包的烹煮：將鮭魚塊放在紙上（烤盤紙papier sulfurisé或耐高溫保鮮膜film de cuisson），隨意擺上蔬菜，在周圍淋上白酒，接著將紙包密封，放入預熱至180℃（熱度6）的烤箱中烘烤約10分鐘。

4› 製作香料脆片：混合胡蘿蔔泥和軟化的奶油，調味，加入蛋白，最後再加入過篩的麵粉（不要攪打，以免麵糊出筋）。

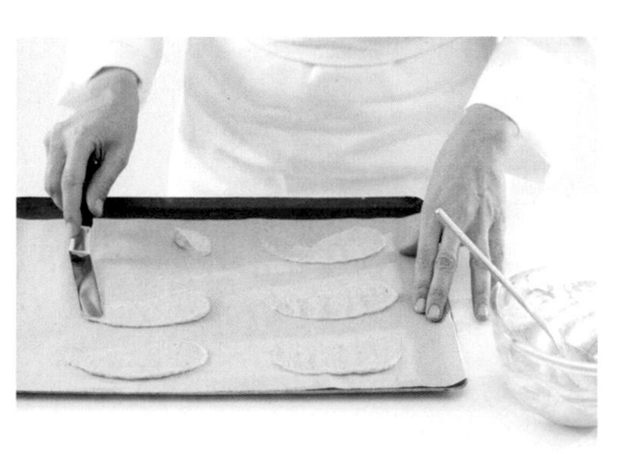

5‣ 搭配逗號形狀的模板，將麵糊薄薄地鋪在烤盤紙上，共製作6個。撒上香料（艾斯伯雷紅椒粉、香菜粉、小茴香粉），然後放入預熱至130℃（熱度2-3）的烤箱中烤至酥脆。

6‣ 製作香草湯：收集鮭魚烹煮的原汁或魚高湯，以少許的綠色蔬菜凝塊攪打並調整味道。

7‣ 擺盤：將湯倒入湯盤中，將鮭魚塊擺在中央，疊上汆燙過的蔬菜，接著以幾株香葉芹裝飾，最後再放上香料脆片。

等級 2

✻✻

6人份
準備時間：40分鐘
烹調時間：10分鐘（鮭魚）
＋15分鐘（脆片）

YIN ET YANG DE SAUMON EN PAPILLOTE AU PARFUM D'ÉVASION, SAUCE AU FRUIT DE LA PASSION

香氣四溢紙包陰陽鮭魚佐百香果醬

INGRÉDIENTS 材料
去骨鮭魚排（filet de saumon）2片
（或6片150克的鮭魚片 darne）
鹽之花（Fleur de sel）
艾斯伯雷紅椒粉
切碎的香草（平葉巴西利、香葉芹、龍蒿）2小束
羅亞爾河白酒（vin blanc de Loire）200毫升

garnitures配菜
新鮮鹽角草（salicorne）200克
帶葉的新鮮胡蘿蔔（carottes nouvelles）1束
日本白蘿蔔（radis daïkon）1根
朝鮮薊（artichaut）4顆
柚子汁（Le jus de yuzus）3顆

croustilles gingembre-sésame-pavot薑香芝麻罌粟脆片
胡蘿蔔泥（purée de carottes）40克
薑末10克
奶油40克
蛋白40克
麵粉40克
芝麻（sésame）5克
罌粟籽（pavot）2克
粉紅胡椒粗粒（baies roses）2克

sauce au fruit de la Passion
百香果醬汁
魚高湯（見26頁）400毫升
液狀鮮奶油（crème liquide）100毫升
百香果汁100毫升

décoration裝飾用
各色食用花12朵
紫蘇芽和白蘿蔔芮（pousses de shiso et de daïkon）1盒

USTENSILES用具
圓形中空模（Cercle de cuisson）
細棍狀模板（Pochoir en forme de fines allumettes）

1› 每人份的去骨鮭魚排分切成2片，用鹽之花、艾斯伯雷紅椒和切碎的香草調味，只需調味內側。

2› 將鮭魚折成象徵陰陽的形狀，放入圓形中空模或用繩子綁起。

3› 製作配菜：將鹽角草燙過（在沸水中氽燙1分鐘），去除較硬的部分，清洗，並將新鮮胡蘿蔔和白蘿蔔切絲（長3至4公分的細條狀—見438頁），轉削朝鮮薊（見444頁的步驟技巧），再切成薄片，接著和柚子汁一起放入平底深鍋中加蓋烹煮。

4› 組裝：在紙包（鋁箔紙或烤盤紙）中，將排成陰陽的形狀的鮭魚放在準備好的蔬菜上，淋上白酒，密封起來，接著放入烤箱，以180℃（熱度6）烘烤10分鐘。

5› 薑香芝麻罌粟脆片：混合胡蘿蔔泥、薑末和軟化的奶油，加入蛋白，最後再加入麵粉。用細棍狀的專用模板將麵糊鋪在烤盤紙上。撒上芝麻、罌粟籽和粉紅胡椒粗粒，接著以130℃（熱度3-4）烘烤至形成漂亮的顏色和酥脆的質地。出爐後預留備用。

6› 製作百香果醬汁：將魚高湯濃縮至2/3，加入液狀鮮奶油後收乾至一半，最後再加入百香果汁；醬汁必須濃稠到能附著在食材上。如有需要的話再調整調味。

7› 擺盤：將配菜擺入盤中，放入陰陽形狀的鮭魚，在周圍淋上醬汁，接著疊上脆片，最後再均稱地擺上花、紫蘇芽和白蘿蔔茵。

等級 3

✻✻✻

SAUMON MARINÉ ET FLAN DE CAROTTE, VINAIGRETTE À L'ORANGE

柳橙醋漬鮭魚與胡蘿蔔鹹布丁

吉朗·高梅Guillaume Gomez，2004年MOF法國最佳職人，
也是法國廚師協會主席Association des Cuisiniers de la République。

6人份
準備時間：30分鐘
醃漬時間：8小時
靜置時間：48小時
烹調時間：40分鐘

INGRÉDIENTS 材料

saumon mariné醃漬鮭魚
鮭魚背肉（dos de saumon）1公斤
胡椒粒
香菜籽（Graines de coriandre）
乾燥檸檬皮（zeste de citron séché）1顆
粗鹽1公斤
糖100克
蒔蘿2小束
橄欖油200毫升

vinaigrette油醋醬
新鮮柳橙汁1公升
橄欖油200毫升
鹽、胡椒粉

flan de carotte胡蘿蔔鹹布丁
胡蘿蔔泥（pulpe de carotte）1公斤（1.5公斤未經加工、煮熟、打碎並瀝乾－保留汁液）
蛋7個
液狀鮮奶油（crème liquide）100克
肉豆蔻
鹽、胡椒

garnitures配菜
粗的胡蘿蔔1根

USTENSILES用具
漏斗型網篩
矽膠圓柱狀模型（Moules cylindriques en silicone）
刨切器（Mandoline）
蒸鍋

2004年，以25歲的年齡即獲得MOF法國最佳職人頭銜，吉朗·高梅為史上獲得這項殊榮最年輕的主廚。他熱情、專業的全心投入，掌管著法國總統府愛麗榭宮（Élysée）的廚房，並以有機的概念為總統府的貴賓們傳遞法國美食的形象。

首次醃漬：請您的魚販幫您片下鮭魚肉並去骨。用電動攪拌器攪打胡椒、香菜籽、檸檬皮，並和粗鹽及糖混合。在烤盤上鋪上一層與鮭魚肉面積相等的香料鹽，放上鮭魚肉，再蓋上一層香料鹽，冷藏醃漬8小時。

二次醃漬：從冰箱中將鮭魚取出，清除香料鹽，沖洗乾淨，接著以吸水紙吸乾。將蒔蘿切碎，和橄欖油混合，接著大量鋪在鮭魚上，將每塊鮭魚以保鮮膜包起，冷藏48小時。

油醋醬：將柳橙汁濃縮至形成糖漿狀的質地，接著倒入橄欖油並不斷攪打（用打蛋器混入），調味並預留備用。

胡蘿蔔鹹布丁：用電動攪拌器攪打蛋和鮮奶油，用漏斗型網篩過濾，加入胡蘿蔔泥，以肉豆蔻、鹽和胡椒調味。塔模內塗上奶油，再放入胡蘿蔔泥蛋糊，在鋪有廚房布巾的工作檯上輕敲，以排除多餘空氣，接著在預熱至120℃（熱度4）的烤箱裡隔水加熱。（烘烤時請留意，因為過度烘烤會使內餡「起泡buller」。鹹布丁的烘烤方式應比照烤布蕾crème brûlée，時間依模型大小而定。）將保留的胡蘿蔔汁濃縮至形成糖漿狀的質地。將鹹布丁從烤箱取出，放涼後脫模。

準備配菜用的胡蘿蔔：將粗的胡蘿蔔切成厚度不超過1公分的圓形薄片，接著以紙包的方式在預熱至180℃（熱度6）的烤箱中烤12分鐘。烤好後再切成和鹹布丁一樣的大小。用刨切器將另一半的胡蘿蔔切成2公釐的長條切片，接著以大火蒸3分鐘。

擺盤：將醃漬好的鮭魚肉擺在盤子裡。將鹹布丁擺在圓形的胡蘿蔔薄片上，胡蘿蔔條像戒指般和諧地環繞著鹹布丁，為鹹布丁淋上濃縮的胡蘿蔔醬汁。滴幾滴油醋醬或將油醋醬擺在一旁。

— *Recette* —

食譜出自

吉朗・高梅 GUILLAUME GOMEZ,

PRÉSIDENT DE L'ASSOCIATION DES CUISINIERS DE LA RÉPUBLIQUE

等級 1

*

TRUITE AU RIESLING ET FLAN DE PERSIL

麗絲玲鱒魚與巴西利鹹布丁

6人份
準備時間：1小時40分鐘
烹調時間：55分鐘

INGRÉDIENTS 材料
350克的鱒魚6隻
麗絲玲白酒（riesling）300毫升
紅蔥頭150克
香料束1束

garnitures配菜
同樣大小的硬質馬鈴薯1公斤
捲葉巴西利2束
全蛋3顆
液狀鮮奶油（crème liquide）300毫升
巴黎/鈕扣蘑菇（小顆）300克
奶油100克
檸檬½顆
胡椒
肉豆蔻（Noix muscade）
鹽

《fleuron花飾》
折疊派皮（feuilletage）100克
蛋黃1個（蛋黃漿用）

sauce au riesling麗絲玲醬汁
紅蔥頭200克
麗絲玲白酒300毫升
魚高湯（見26頁）1.5公升
液狀鮮奶油300毫升
奶油300克
艾斯伯雷紅椒粉
鹽

USTENSILES用具
剪刀
杯形布丁模（moules à dariole）6個
電動攪拌器
網篩
漏斗型網篩
自動漏斗填餡器（Chinois à piston）
鋸齒狀壓模（Emporte-pièce cannelé）
煮魚鍋（poissonnière）（可省略）

1› 鱒魚：去鰭（用剪刀剪掉魚鰭）、去鱗、挖去內臟並清洗鱒魚（或請魚販代爲處理）。

2› 蒸馬鈴薯：將馬鈴薯削皮、清洗並轉削（見508頁），接著蒸至刀尖可輕易穿透薯肉。預留備用。

3› 巴西利鹹布丁：杯形布丁模內側塗上軟化的奶油，重複二次。巴西利嫩葉進行英式汆燙anglaise（放入加鹽的沸水中），瀝乾，以電動攪拌器攪打，接著以網篩過濾。在巴西利泥中加蛋，用電動攪拌器攪打，並加入預先加熱的鮮奶油。用鹽、胡椒和肉豆蔻調味。

4› 用漏斗型網篩過濾，然後用自動漏斗填餡器填入杯形布丁模中。

5› 將模型放入焗烤盤中，倒入熱水至一半的高度，蓋上保鮮膜，放入烤箱，以120℃（熱度4）烘烤約35分鐘，直到蛋糊凝固（鹹布丁的中央不應微微顫動）。從烤箱取出，靜置15分鐘後脫模。

6› 蘑菇：將蘑菇蒂稍微切掉，如有必要可將蘑菇切成二半，和奶油及半顆檸檬的檸檬汁一起放入煎炒鍋中加熱，以烤盤紙爲煎炒鍋加蓋。

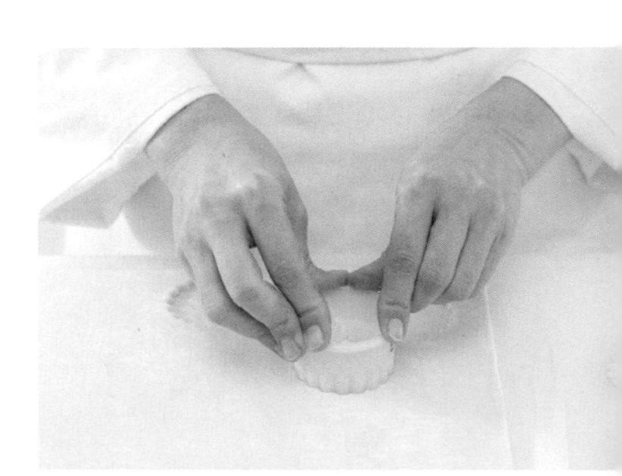

7› 製作「花飾」：用鋸齒狀壓模將擀成3公釐厚的折疊派皮，裁成新月形。擺在烤盤上，塗上二次用蛋黃和2小匙水或牛乳調成的蛋黃漿，放入預熱至210℃（熱度7）的烤箱中烤至派皮呈現金黃色。

8› 麗絲玲醬汁：將切碎的紅蔥頭和麗絲玲白酒一起煮至完全濃縮，加入魚高湯，然後濃縮至如鏡面狀(糖漿般的濃稠度)，接著加入鮮奶油，再度煮沸。最後用打蛋器混入奶油。用鹽和艾斯伯雷紅椒粉調味。以漏斗型網篩過濾醬汁，預留備用。

9› 水煮鱒魚：將鱒魚放入適當的烹煮容器中(最好使用煮魚鍋poissonnière)，倒入白酒、水、紅蔥頭、香料束，調味，接著煮至微滾。計時約10分鐘。用漏勺將鱒魚撈起。擺在餐盤上，去掉魚身的魚皮。

10› 最後完成與擺盤：將鱒魚頭部朝左地擺在餐盤上，然後淋上一些醬汁。在周圍擺上鈕扣狀的蘑菇、巴西利鹹布丁和花飾。蒸馬鈴薯以燉鍋裝盛，一旁再搭配上麗絲玲醬汁。

等級 2

✻✻

6人份
準備時間：2小時30分鐘
烹調時間：45分鐘

CANON DE TRUITE AU RIESLING

麗絲玲鱒魚炮

INGRÉDIENTS 材料

350克的鱒魚6隻
紅蔥頭200克
麗絲玲白酒300毫升

viennoise ***維也納麵皮***

吐司100克
澄清奶油（見66頁）100克
軟化的奶油100克
蛋黃1顆
帕馬森乳酪絲（parmesan râpé）100克
鹽

garnitures ***配菜***

硬質馬鈴薯1.5公斤
魚高湯（見26頁）
西洋菜（cresson de fontaine）1小束
奶油100克
蛋3顆
液狀鮮奶油300毫升
巴黎蘑菇（轉削）300克
檸檬½顆
鹽、胡椒粉、肉豆蔻粉

pailletés au cumin ***小茴香餅***

折疊派皮（feuilletage）100克
蛋黃漿（蛋黃1顆摻1小匙的水或牛乳）
小茴香籽（cumin en grains）

sauce au riesling ***麗絲玲醬汁***

紅蔥頭200克
麗絲玲白酒300毫升
魚高湯（見26頁）1.5公升
液狀鮮奶油300毫升
奶油300克
艾斯伯雷紅椒粉
鹽

USTENSILES 用具

片魚刀
壓模（Emporte-pièce）
杯形布丁模（moules à dariole）6個
電動攪拌器（Mixeur）
漏斗型網篩
自動漏斗填餡器（Chinois à piston）
蒸烤箱

1› 維也納麵皮：以澄清奶油將吐司煎至上色，放涼後在網篩中磨成粉，接著加入軟化的奶油、蛋黃和帕馬森乳酪絲。調味後夾在二張烤盤紙中，壓成2公釐的厚度，然後冷凍至變硬。準備鱒魚：修邊（用剪刀剪去魚鰭），刮去魚鱗，去頭尾，接著去除內臟並清洗擦乾，用片魚刀從腹部去除每條魚的脊骨，僅留下魚皮連結二側去骨魚排（filet）。修整下腹部並去除不要的部分。以鹽和艾斯伯雷紅椒粉調味。

2› 將紅蔥頭剝皮並切碎（切成末），加入麗絲玲白酒中烹煮至收乾。放涼。將上述準備好的備料填入鱒魚內部。

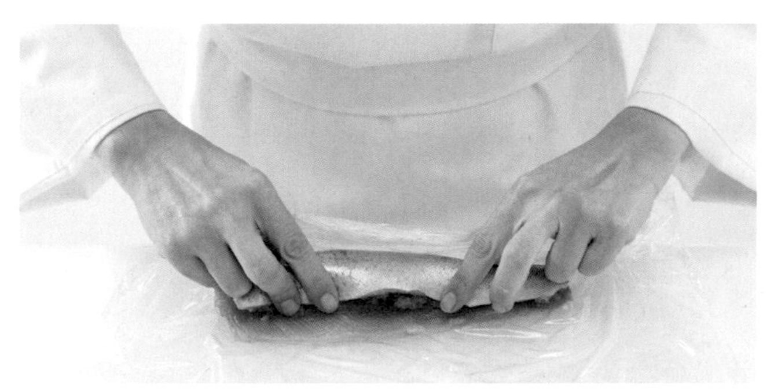

3› 用耐熱保鮮膜將鱒魚緊緊捲起，形成炮管狀（圓柱狀）。預留備用。

4› 馬鈴薯：將馬鈴薯削皮、清洗，並切成厚2公分的片狀，接著用壓模裁成圓餅狀。將馬鈴薯連同魚高湯和少許的奶油一起放入平底鍋中加熱，煮至刀尖可輕易穿透薯肉爲止。預留備用。

5› 製作西洋菜鹹布丁（crémeux de cresson）：將烤箱預熱至120℃（熱度4）。用軟化的奶油爲杯形布丁模塗上二次奶油，預留備用。將西洋菜的葉片摘下，接著以英式汆燙anglaise的方式（放入加鹽的沸水中）煮幾分鐘，瀝乾後以電動攪拌器打成泥。過濾西洋菜泥，加入蛋和肉豆蔻，用電動攪拌器攪打，倒入預先加熱的鮮奶油，並繼續攪打所有材料。用漏斗型網篩過濾，以自動漏斗填餡器填入杯形布丁模中，擺在焗烤盤上，倒入熱水至一半的高度，蓋上保鮮膜，以120℃（熱度4）烘烤35分鐘，直到西洋菜蛋糊凝固（鹹布丁不應微微顫動）。

6› 蘑菇：轉削蘑菇（見474頁的步驟技巧），將蒂頭切掉，然後在榛果色的奶油中翻炒，加入一些檸檬汁、1勺（圓形的長柄小湯勺）的魚高湯，接著蓋上和煎炒鍋同樣大小的烤盤紙（papier sulfurisé）。

7› 小茴香餅：將折疊派皮擀成1公釐的厚度，在上面戳洞、塗上蛋黃漿，接著撒上小茴香籽，並冷凍幾分鐘。從冷凍庫取出時，將折疊派皮裁成細條狀，擺在烤盤紙上，以210℃（熱度7）烤至呈現漂亮的金黃色。

8› 麗絲玲醬汁：將切碎的紅蔥頭和麗絲玲白酒一起煮至完全收乾，再加入魚高湯。

9› 再度將湯汁收乾至形成鏡面（糖漿狀質地），接著加入鮮奶油，再度煮沸。最後用打蛋器將奶油混入醬汁中，用漏斗型網篩過濾，並以隔水加熱的方式保溫備用。以鹽和艾斯伯雷紅椒粉調味。

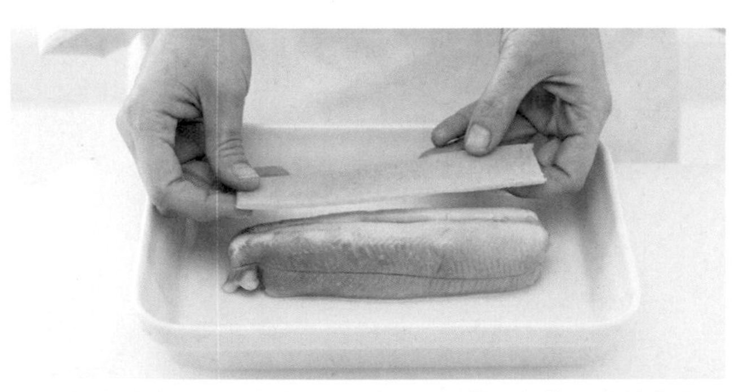

10› 鱒魚的烹調：將鱒魚連同耐熱保鮮膜一起放入蒸烤箱中，以85℃蒸8分鐘，接著去掉保鮮膜，小心地去掉魚皮和背鰭。將維也納麵皮從冷凍庫中取出，裁成與鱒魚炮大小的帶狀。將維也納麵皮擺在鱒魚炮上，擺在烤箱的網架上炙烤。

11› 擺盤：在每個碟子裡，以醬汁爲底，擺上鱒魚炮，放上蘑菇（轉削面朝上）、西洋菜鹹布丁和小茴香餅，撒上西洋菜嫩葉，並將煮軟的馬鈴薯和一杯麗絲玲醬汁擺在旁邊。

等級 3

***

TRUITE EN BISCUIT, BOUILLON DE MOUSSERONS, OIGNON ET LIERRE TERRESTRE

鱒魚餅佐金錢薄荷洋蔥傘蕈湯

艾曼紐・雷諾Emmanuel Renaut，2004年MOF法國最佳職人(Meilleur ouvrier de France)。

6人份
準備時間：50分鐘
烹調時間：2小時30分鐘

INGRÉDIENTS 材料

jus d'oignon洋蔥原汁
洋蔥5顆
奶油50克
糖10克
蔬菜高湯500毫升(見32頁)
奶油100克(用來攪打醬汁)

jus de mousseron傘蕈原汁
食用傘蕈(mousseron)200克
奶油50克
蔬菜高湯100毫升(見32頁)
金錢薄荷(lierre terrestre)1束

biscuit鱒魚餅
鱒魚肉400克
鹽15克
糖15克
蛋(3顆)150克
法式酸奶油(crème fraîche)400克
奶油100克
淡水螯蝦汁(jus de carcasse d'écrevisses)40克
(法式海鮮濃湯bisque)

fiition 最後完成
麵包薄片4片
(厚度約2公釐)
澄清奶油50克(見66頁)
油炸麵屑(beignets de farine)
和黑米香(farine de riz noir)
(用來裝飾並增加酥脆口感)

USTENSILES用具
漏斗型濾器
食物調理機(Robot cutter)
網篩
蒸鍋(Cuiseur vapeur)

在法國巡迴傳統藝術研修制度(Compagnon du tour de France)下，艾曼紐・雷諾先是在巴黎克里雍大飯店(Hôtel Crillon)的廚房裡，跟著克里斯汀・康斯坦(Christian CONSTANT)受訓，接著擔任馬克・維哈(Marc VEYRAT)的助手共7年的時間，他是一位真正的主廚，重視並忠於風土的價值，發揮長才來強調所處山區的料理傳統。

洋蔥原汁：將洋蔥剝皮並切成薄片，在鑄鐵鍋中加入奶油，以小火將洋蔥炒至出汁，加糖炒至焦糖色，接著加入蔬菜高湯。微滾2小時，接著以漏斗型濾器過濾。將湯汁收乾一半，並以打蛋器將奶油打入。調整一下調味，保溫備用。

傘蕈原汁：預留一些最漂亮的傘蕈至擺盤用，其餘的傘蕈和蒂頭部分烹煮成傘蕈原汁(加入奶油，以小火炒至出汁，然後再加入蔬菜高湯)。

製作醬汁：將金錢薄荷浸泡在洋蔥原汁中，並加入傘蕈原汁，用漏斗型濾器過濾，調整一下調味。醬汁必須清淡但香醇怡人(洋蔥的甜、傘蕈的風味和金錢薄荷最後留在嘴裡的香氣)。

鱒魚餅：用食物調理機攪打鱒魚肉、鹽和糖。加入蛋、法式酸奶油、熱的奶油和淡水螯蝦醬汁。攪打2分鐘後用精細的網篩過濾。放入蒸鍋的架上，以80℃蒸15分鐘。放涼後切成長方形。

最後完成：將麵包片切成同樣大小的長方形。在麵包上放鱒魚餅，在不沾平底煎鍋中以澄清奶油煎成金黃色。保溫備用。

擺盤：搭配醬汁(可打成泡沫狀)、油炸麵屑、黑米香和一些事先預留的傘蕈(汆燙過)，撒上金錢薄荷嫩葉，享用這道鱒魚餅。

— Recette —

等級 1

*

LIEU JAUNE POCHÉ DÉPART À FROID, CITRON, GINGEMBRE ET CREVETTES GRISES

冷煮青鱈佐檸檬薑香褐蝦

6人份
準備時間：1小時30分鐘
烹調時間：45分鐘

INGRÉDIENTS 材料
青鱈6塊
水2公升
檸檬汁1顆
熟褐蝦（crevettes grises cuites）36隻

beurre de bigaradier *橙香奶油*
水200毫升
Maïzena®玉米粉5克
檸檬汁80克
軟化的奶油100克
苦橙花水（fleur d'oranger bigaradier）10克

purée de potimarron *紅栗南瓜泥*
紅栗南瓜1顆
鮮奶油150克
奶油30克

gingembre confit *醃薑*
生薑150克
生薑黃（curcuma frais）15克
味醂100克
米醋100克

garnitures *配菜*
胡蘿蔔2根
生的紅甜菜1顆
紅甜椒1顆
水300克
奶油45克
羅勒葉9片

fiition *最後完成*
檸檬羅勒（lemon cress）1盒
水耕迷你羅勒（basilic cress）1盒

USTENSILES 用具
果汁機（Blender）
挖球器（Cuillère à pomme parisienne）

1› 橙香奶油：用冷水攪拌玉米粉。將檸檬汁加熱，加入調了水的玉米粉並加以煮沸，在室溫下放涼。加入軟化的奶油、苦橙花水，用打蛋器打至乳化。

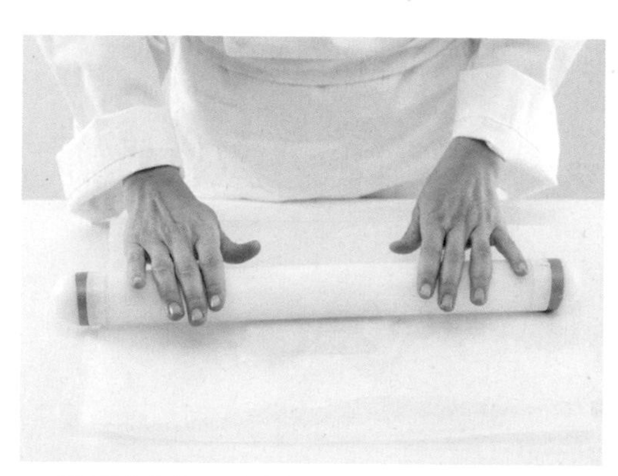

2› 將奶油夾在二張烤盤紙之間，用擀麵棍擀平，然後冷凍。

3› 將熟褐蝦去殼。

4› 栗子南瓜泥：清洗栗子南瓜，保留皮、去籽並切塊。放入裝水的深平底深鍋中，加蓋燉煮，一邊注意不要將果肉煮到乾掉。將南瓜放入果汁機中（或電動攪拌器的碗中），攪打後加入鮮奶油和奶油，讓南瓜泥乳化並形成非常平滑的質地。

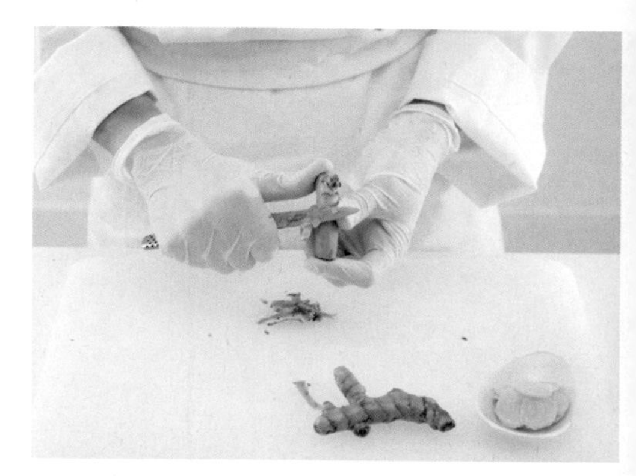

5› 醃薑：戴上手套，爲薑和薑黃削皮，接著將薑切成薄片，將薑黃刨成絲。在平底深鍋中倒入味醂和米醋，加入薑和薑黃，煮沸，並用極小的火煮20分鐘。放涼後冷藏保存。

6› 用挖球器將胡蘿蔔挖成小球狀。將甜菜切成邊長1公分的規則丁狀。將甜椒削皮、去籽，並切成小三角形。將上述材料各別和100克的水、15克的奶油和3片羅勒葉一起放入煎炒鍋中煮熟。

7› 開始煮青鱈：將去骨的青鱈魚塊全放入一個煎炒鍋中，倒入冷水和檸檬汁，調味後逐漸加溫至水開始冒煙，接著加蓋煮魚塊6分鐘（注意，絕對不能等到水煮沸）。瀝乾並保溫。

8 最後完成：在熱的盤子裡（最好爲深色或黑色）將橙香奶油片用手掰成塊狀，像拼圖一樣擺在一半的盤子上（盤子的熱度會讓奶油逐漸解凍）。放上青鱈排，在青鱈排上交錯擺上6隻蝦和3片薑片，然後在另一半的盤子上放上眼淚形的南瓜泥。撒上胡蘿蔔小珠、紅甜菜丁和三角形的紅甜椒。最後再擺上少許迷你蔬菜，檸檬羅勒和水耕迷你羅勒的嫩芽以增添鮮味。

等級 2

✻✻

6人份
準備時間：2小時
醃漬（糖漬檸檬）時間：12小時
烹調時間：1小時20分鐘

INGRÉDIENTS 材料
青鱈6塊

marmelade de citron confit
糖漬檸檬醬
檸檬2顆
粗鹽2克
糖50克

saumure du poisson *魚用鹽水*
水1公升
細鹽50克

marinade *醃漬醬汁*
檸檬皮1顆
橄欖油40克

fumet de crevettes grises *褐蝦高湯*
熟褐蝦（crevettes grises cuites）1公斤
水2公升
香料束1束
生薑½塊
高良薑（rhizome de galanga）1塊
檸檬香茅（citronnelle）3小根
胡椒粒（grains de poivre）5顆

garnitures *配菜*
黃甜椒1顆
黃色胡蘿蔔8根
黃色甜菜（betterave jaune）1顆
大蒜1瓣
百里香1枝
橄欖油20克
紅栗南瓜（potimarron）½顆

fiition *最後完成*
水耕香菜（coriandre cress）1盒
去殼褐蝦18隻

USTENSILES 用具
網篩
直徑2公分的壓模
日式蔬果刨切器（Mandoline japonaise）

LIEU JAUNE POCHÉ, MARMELADE DE CITRON CONFIT, PETITS LÉGUMES JAUNES, CREVETTES GRISES

水煮青鱈佐糖漬檸檬醬、迷你蔬菜、褐蝦

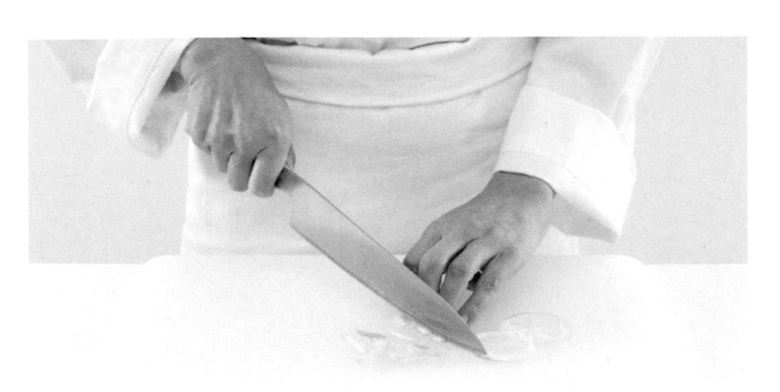

1› 檸檬醬：將一顆檸檬切成極薄的圓形薄片，和粗鹽一起醃漬12小時。隔天，將另一顆檸檬切成極薄的圓形薄片，和糖一起放入平底深鍋中，煮20分鐘，瀝乾，接著用網篩濾出果肉，放涼。沖洗鹽漬檸檬，和糖漬檸檬果肉混合。預留備用。

2› 鹽水：混合水和鹽，接著將青鱈魚塊放入鹽水中10分鐘。之後撈出沖洗、晾乾，接著浸泡在橄欖油和檸檬皮裡。預留備用。

3› 調配褐蝦高湯：將所有褐蝦高湯的材料（胡椒粒除外）放入平底深鍋中，煮至微滾並續煮10分鐘，撈去浮沫，加入胡椒粒，浸泡10分鐘。

4› 用布巾過濾高湯，接著將高湯分成二半：一半用來煮蔬菜和青鱈，然後放涼。另一半作爲湯品，之後搭配魚肉一起擺在碟子裡，先保溫備用。

5› 製作配菜：將黃甜椒削皮、去籽，用壓模裁出12片。用日式蔬果刨切器將2根黃蘿蔔沿著長邊刨成薄片，放入冰水中保存至少1小時。在褐蝦高湯中煮18片黃蘿蔔條7至8分鐘。

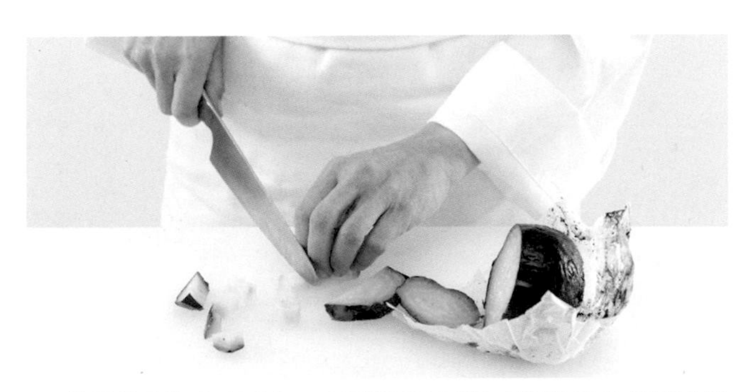

6› 依黃甜菜的大小而定，在預熱至180℃（熱度6）的烤箱中以紙包烘烤黃甜菜、大蒜、百里香和橄欖油45分鐘至1小時，接著將甜菜切成6塊。將南瓜裁成6個月牙狀，在褐蝦高湯中煮2至3分鐘，並在上菜前加以烘烤。

7› 用冷的褐蝦高湯煮青鱈魚塊，煮至微滾後再續煮6分鐘（注意不要煮沸）。瀝乾後預留備用。

8› 盤擺：將圓形的壓模擺在湯盤底，放入些許的糖漬檸檬醬，將壓模移開，接著擺上青鱈魚塊。然後放上所有黃色的迷你蔬菜。最後撒上些許的水耕香菜和去殼褐蝦，在盤子端上桌享用前，再用玻璃瓶淋上熱騰騰的褐蝦高湯。

等級 3

✻✻✻

DOS DE LIEU JAUNE RÔTI, FINE PURÉE DE CAROTTES AU PAMPLEMOUSSE

烤青鱈背肉佐葡萄柚胡蘿蔔泥

方索瓦・亞當斯基François Adamski，巴黎斐杭狄助理教授，2007年MOF法國最佳職人、2001年博庫斯烹飪賽金獎(Bocuse d'or)。

6人份
準備時間：1小時
烹調時間：2小時30分鐘

INGRÉDIENTS 材料

青鱈背肉(dos de lieu jaune)600克
胡蘿蔔400克
豌豆(petits pois)300克
葡萄柚4顆
香菜1小束
繁縷(Mouron des oiseaux)和其他的蔬菜嫩芽(自行選擇)
香菜花(Fleur de coriandre)
奶油150克

USTENSILES 用具

水果刀(Couteau d'office)
漏斗型網篩
果汁機(或手持式電動攪拌棒mixeur plongeant)

熱情並懷有壯志的主廚方索瓦・亞當斯基，是法國唯二同時獲得博庫斯烹飪賽金獎和MOF法國最佳職人二項殊榮的主廚(另一位是米歇爾•羅斯Michel ROTH)。他自2009年開始便在波爾多(Bordeaux)發揮他的才華。真材實料的料理，關鍵字就是「美味」。

葡萄柚：削皮至只剩下果肉部分，接著將葡萄柚果肉一瓣瓣取下(見652頁的技巧)。

油漬胡蘿蔔：以小火和少許的水煮胡蘿蔔、3顆葡萄柚的果肉和80克的奶油，燉煮2小時30分鐘。

香菜油：將整束的香菜剪碎。將橄欖油稍微加熱，讓香菜浸泡在油中3小時，接著用漏斗型網篩過濾，預留備用。

豌豆：將豌豆去莢，以英式汆燙anglaise(加了鹽的沸水)汆燙4至5分鐘，接著分成二半，放入香菜油中。

青鱈的烹煮：爲青鱈背肉調味，接著在榛果奶油(beurre noisette)中以小火烘烤3至4分鐘。

胡蘿蔔泥：將胡蘿蔔瀝乾，以電動攪拌器打成極細的泥，接著和剩餘的奶油一起攪打(混入奶油並以電動攪拌器攪打)。確認調味。

擺盤：在碟子上擺上一些胡蘿蔔泥作底，放上魚肉，最後再和諧地擺上葡萄柚果肉和豌豆。

— *Recette* —

食譜出自

等級 1

*

PAVÉ DE BAR CUIT SUR SA PEAU, CHORIZO, CÈPES ET MOUSSELINE DE CÉLERI

帶皮狼鱸佐西班牙臘腸、牛肝蕈和西洋芹慕斯林醬

6人份
準備時間：1小時30分鐘
烹調時間：40分鐘

INGRÉDIENTS 材料

120-130克的狼鱸魚塊6塊
西班牙臘腸（chorizo）2條
奶油
橄欖油
西洋芹1束

mousseline de céleri
塊根芹慕斯林

塊根芹1顆
牛乳500克
馬鈴薯3至4顆
牛肝蕈6朵

sauce醬汁

紅蔥頭50克
白酒200克
魚高湯（見26頁）
小牛牛釉汁（Glace de veau）
（濃縮牛釉汁—見22頁）
液狀鮮奶油500克
奶油500克
卡宴紅椒粉（Piment de Cayenne）
檸檬汁2顆
干邑白蘭地（Cognac）
鹽

USTENSILES 用具

綁肉針（Aiguille à brider）
果汁機（Blender）

1› 在狼鱸魚塊的魚皮面切出一個個的小切口。將西班牙臘腸切成同魚塊寬度的薄片。

2› 用綁肉針（或烤肉串叉pique à brochette）穿過魚塊的長邊。

3› 鑲進1片西班牙臘腸；每塊魚塊重複三次同樣的步驟。

4› 製作塊根芹慕斯林：將塊根芹削皮並切丁，接著用牛乳加500克的水，並加入削皮切成塊的馬鈴薯一起燉煮。瀝乾後放入食物研磨機（moulin à légumes）中磨碎，用鹽和卡宴紅椒粉調味，再放入果汁機中打至質地平滑，預留備用。

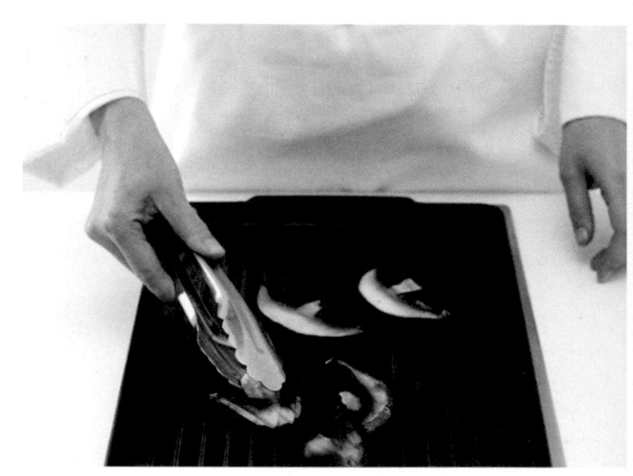

5› 牛肝蕈：用略為濕潤的布巾將牛肝蕈擦洗乾淨，用刀切掉蒂頭，依大小切成二半或三份，在燒烤盤上炙烤，預留備用。

6› 醬汁：將切碎的紅蔥頭炒至出汁，加入白酒，將原汁濃縮，加入魚高湯，再度濃縮，加入小牛牛釉汁，接著是液狀鮮奶油，然後將原汁濃縮至可附著於湯匙的濃稠質地。用打蛋器將奶油攪打入醬汁中，用鹽、卡宴紅椒粉和檸檬汁調味。最後淋上一點干邑白蘭地，再以漏斗型濾器過濾。預留備用。

7› 在盤子上鋪上耐熱保鮮膜，塗上一點油，放上西洋芹的小葉子，微波30秒後預留備用。

8› 混合奶油和橄欖油，刷塗在狼鱸魚塊的魚皮上，接著放入烤箱，以170℃（熱度6）烘烤5至8分鐘。在烘烤中途加入烤過的牛肝蕈。

9› 擺盤：取1個圓盤，在一側放上一些的根芹慕斯林，在另一側放上醬汁，形成半圓，然後擺上鱸魚塊。將牛肝蕈擺在周圍，最後再放上幾片油炸西洋芹葉。

等級 2

✻✻

BAR À LA PLANCHA, CRÈME DE CHORIZO, CARPACCIO DE CÈPES

香煎狼鱸佐西班牙臘腸醬、生牛肝蕈片

6人份
準備時間：1小時30分鐘
烹調時間：1小時

INGRÉDIENTS 材料
塊根芹（céleri-rave）1顆
狼鱸（bar）6塊
卡宴紅椒粉（Piment de Cayenne）
橄欖油
鹽

crème de chorizo 西班牙臘腸醬
紅蔥頭50克
大蒜2瓣
西班牙臘腸（chorizo）2根
橄欖油
煙燻紅椒粉（paprika fumé）1撮
白酒200克
百里香1枝
月桂葉1片
家禽基本高湯200克
液狀鮮奶油500克
奶油500克

champignons 牛肝蕈
牛肝蕈（cèpes）6朵
橄欖油
檸檬汁

fleurs de courgette frites
炸櫛瓜花
天婦羅粉（farine à tempura）1包
沛綠雅（Perrier）礦泉水1瓶
櫛瓜花（fleurs de courgette）1盒

chips de chorizo 西班牙臘腸脆片
西班牙臘腸1條

USTENSILES 用具
漏斗型濾器
日式蔬果刨切器（Mandoline japonaise）
油炸鍋（Friteuse）

1› 製作西班牙臘腸醬：將切碎的紅蔥頭、大蒜和西班牙臘腸在橄欖油中炒至出汁，然後加入煙燻紅椒粉，倒入白酒，加入百里香和月桂葉，並將原汁煮至濃縮。加入家禽基本高湯。

2› 再度濃縮，接著加入液狀鮮奶油，濃縮至形成能附著在湯匙上的濃稠度。去掉百里香、月桂葉，用電動攪拌器攪打醬汁，用漏斗型濾器過濾並預留備用。上菜前再加入奶油稍微攪打至均勻。

3› 牛肝蕈：將牛肝蕈擦洗乾淨，用日式蔬果刨切器切成薄片，接著放入橄欖油和少許檸檬汁中浸漬，用鹽、卡宴紅椒粉調味，保存在陰涼處。

4› 炸櫛瓜花：用些許沛綠雅礦泉水混合天婦羅粉，形成可以附著在櫛瓜花上理想質地的麵糊，預留備用。

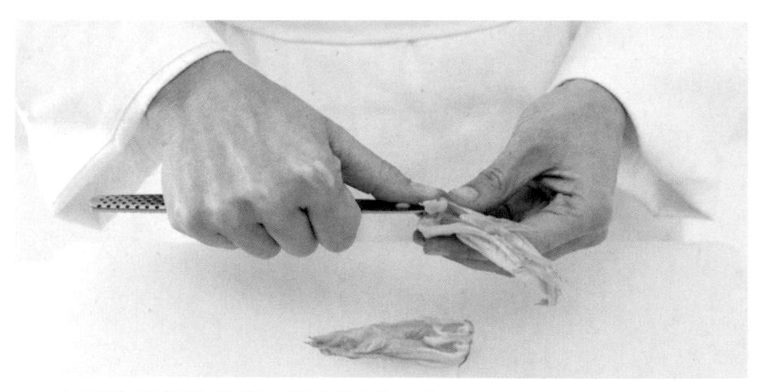

5› 去掉櫛瓜花的花蕊，將花切成二半。

6› 在保鮮膜上將櫛瓜花壓平，接著用刷子刷上天婦羅麵糊，將裹上麵糊的櫛瓜花浸入油炸鍋中。

7› 將西班牙臘腸切成圓形薄片，放入烤箱，以60℃（熱度2）烘乾，直到形成脆片的質地。

8› 將塊根芹切成小丁（蔬果刨切器），放入油炸鍋中進行第一次油炸，預留備用。第二次以180℃炸至金黃色，撈起瀝乾，撒上鹽調味，備用。

9› 狼鱸的烹煮：用鹽和卡宴紅椒粉爲魚塊調味。在平底煎鍋中用橄欖油將魚塊煎至稍微上色，接著翻面並停止加熱。

10› 擺盤：取一個圓盤，用生的牛肝蕈在中央擺成花形，將魚塊擺在牛肝蕈上方的中央，將西班牙臘腸醬滴在盤子周圍，將切丁的塊根芹小丁撒在生牛肝蕈片上方，西班牙臘腸脆片擺在狼鱸上方，接著將櫛瓜花靠著魚塊擺放，最後爲生牛肝蕈片淋上優質的橄欖油。

等級 3

✻✻✻

DOS DE BAR DE L'ÎLE D'YEU EN ÉCRIN DE CHAMPIGNONS, COQUILLAGES DE LA RADE DE BREST AU CHAMPAGNE

蘑菇鑲約島狼鱸背肉佐香檳布雷斯特灣貝類

菲利浦·米勒Philippe MILLE，巴黎斐杭狄副教授，
2001年MOF法國最佳職人。

6人份
準備時間：1小時30分鐘
烹調時間：50分鐘

INGRÉDIENTS 材料

乾燥蘑菇（champignons secs）60克
160克的狼鱸背肉6塊
文蛤（vernis）120克
鳥蛤（coques）90克
蛤蜊（palourde）120克
北極貝（couteaux）180克
簾蛤（praire）120克
蕪菁（chou-rave）2顆
黃檸檬½顆
酸模葉（feuille d'oseille）6片
史密斯奶奶青蘋果
（pomme granny-smith）½顆
液狀鮮奶油60克
鹽、胡椒

sauce au champagne香檳醬

狼鱸魚骨
橄欖油
紅蔥頭20克
巴黎蘑菇50克
香檳酒（champagne）750毫升
貝類原汁（jus de coquillages）
（見34頁）60克
高脂鮮奶油（crème double）30克
奶油30克

USTENSILES用具

網篩
煎炒鍋2個
漏斗型濾器

菲利浦·米勒認真守護著一間非常漂亮餐廳的好聲譽，而這間餐廳曾經出現當代著名主廚們的身影：亞倫·巴斯卡（Alain Passard）、傑哈·波耶（Gérard Boyer）和費德希克·安東（Frédéric Anton）。他的料理充滿季節色彩，而且會精確地在餐盤中重現每種食材的味道。

蘑菇粉：將乾蘑菇打碎，接著用網篩過濾，只收集粉末的部分。為狼鱸背肉調味，並沾裹上乾蘑菇粉。

狼鱸的烹煮：用蒸烤箱（four mixte）將狼鱸魚塊以72℃烤至中心溫度達45℃，接著在溫熱處靜置7分鐘，讓最後的中心溫度達52℃。

貝類：在一鍋沸水中將貝類煮至開殼，去掉殼的部分，貝肉與原汁預留備用。

香檳醬：將魚骨切塊，在平底深鍋中用橄欖油翻炒，加入切碎的紅蔥頭、切成薄片的巴黎蘑菇炒至出汁，接著淋上與貝類齊高的香檳，微滾20分鐘，停止加熱放在一旁靜置20分鐘。過濾出湯汁，將湯汁收乾2/3，加入貝類的原汁，再將原汁收乾一半，倒入高脂鮮奶油，加熱5分鐘，接著用打蛋器將奶油打入醬汁中混合均勻。

蕪菁：先將蕪菁切成直徑10公釐的圓柱狀，接著斜切成長15公釐的條狀。以橄欖油炒至出汁，最後再加進香檳醬烹煮。烹煮結束後加入貝肉，倒入剩餘的香檳，接著擠上一些檸檬汁，停止加熱無需再煮沸。

製作配菜：將酸模葉切成邊長10公釐的正方形。將蘋果切成細條狀。

最後完成：取1/8的香檳醬汁，加入液狀鮮奶油，接著攪打乳化形成泡沫狀慕斯。將這少量的醬汁擺在湯盤底部，將貝類和香檳醬淋在上面，撒上蕪菁、正方形的酸模葉以及蘋果條。最後一刻再放上狼鱸背肉。

— *Recette* —

食譜出自

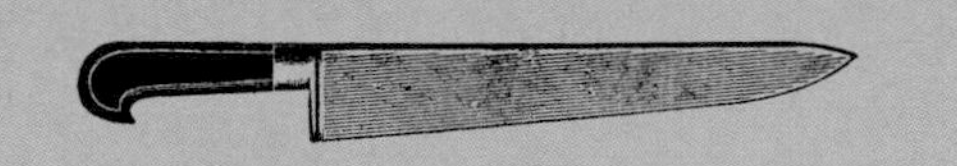

LES CRUSTACÉS, COQUILLAGES ET MOLLUSQUES
Techniques

甲殼類、貝類、軟體動物
技巧

Les crustacés et les mollusques
甲殼類與軟體動物

海鮮家族非常廣大。主要依殼的有無，分為甲殼類(麵包蟹、蜘蛛蟹等)和軟體動物。儘管大多數品種是經由捕撈而得，但也有些可以進行人工養殖。季節性對海鮮而言也很重要，因為這會影響到海鮮的飽滿率。

Les crustacés
甲殼類

BIEN CHOISIR 精挑細選

甲殼類的挑選很簡單：必須是活的。在購買時，麵包蟹、蜘蛛蟹、螯蝦或龍蝦、海螯蝦(較少見，經常擺在冰塊上販售)必須是活跳跳的。

為了確認肉的飽滿程度，只要掂掂重量並輕輕敲殼即可。若拿起來很重，或是殼的聲音很沉悶，表示這隻甲殼動物的肉是飽滿的；如果情況相反，就無需多做停留。這說明了遵守季節性有其絕對的必要。

至於***麵包蟹 tourteau***的部分，最好挑雌蟹，因為雌蟹的蟹肉總是比較飽滿。雌蟹的殼較雄蟹隆起，甲殼下方有一塊闊起的圓大腹蓋(雄蟹的腹蓋為三角形)。

而在挑選***螯蝦或龍蝦 langouste ou du homard***時，請確認腹部和頭部間沒有縫隙。

冰過的***海螯蝦 langoustine***頭後方不應有黑色的痕跡。至於大小，則與每公斤的數量有關。

Conseils des chefs
主廚建議

若您購買的是已經煮熟的褐蝦，食用請先浸入煮沸的鹽水中。待再度煮沸後瀝乾。放涼後品嚐。

Conseils des chefs
主廚建議

對於螯蝦、龍蝦或螃蟹，請記得保留生卵，因為它們富含蛋白質，而且可用來進行醬汁的稠化。

CONSERVATION 保存

食用甲殼類的首要條件就是新鮮，它們不太能夠保存。在理想的情況下，請在購買後立刻品嚐。在從市場返回後優先烹煮，以保存肉的品質，尤其是肉的大小，會隨著時間慢慢縮小。煮熟後就將螃蟹和蜘蛛蟹置於室溫下放涼(絕對不要冷藏)，而且最遲請在6小時內品嚐。

Conseils des chefs
主廚建議

為避免麵包蟹的腳無法拆解，請先稍微冷凍冰鎮後，再浸入烹煮的水中。您可用粗鹽、1枝百里香、1片月桂葉和1滴醋加入水中調味。

Les mollusques
軟體動物

軟體動物出現在地球上已有五億三千萬年；今日牠們的種類估計有十萬種，牠們的大小多變，身長可從1公釐到巨烏賊的20公尺以上不等。

On distingue trois familles de mollusques
軟體動物分爲三大家族

Les bivalves ou lamellibranches雙殼綱或稱瓣鰓類：牡蠣、干貝、淡菜、簾蛤(praire)、鳥蛤、竹蟶、蛤蜊、美洲蛤蜊(clam)、蚶蜊(amande)、扇貝(pétoncle)。

Les univalves ou gastéropodes單殼或稱腹足綱(數量最多，分布最廣)，依貝殼的形狀而定，又分爲三個子分類。Spiralée螺旋形：蛾螺(bulot)和蝸牛(腹足綱陸生動物)；aplatie扁平：鮑魚(ormeaux)；conique圓錐形：帽貝(bernique或patelle)(中國帽chapeau chinois)。

Les céphalopodes頭足綱，進化最多的軟體動物，沒有殼，如章魚(poulpe和pieuvre)。魷魚(calmar)或烏賊(seiche)有伸縮袋，伸縮袋旁邊有鰭，看似由此探出的頭前方具有10根觸手。

甲殼類動物的養殖統稱爲「貝類養殖conchyliculture」，並因不同的特殊性而分爲幾類：

牡蠣的養殖ostréiculture。
淡菜的養殖mytiliculture。
干貝的養殖pectiniliculture。

L'achat購買

以帶殼的貝類爲優先，如此才能確保買到的是最新鮮的。殼必須是緊閉的(或是在觸碰時立刻閉上)，外觀帶有光澤，殼必須散發出強烈的海洋氣息。烹煮時，所有的殼必須張開，殼未打開的貝類就不適合食用。簾蛤(praire)和帶殼干貝非常適合冷凍。請毫不猶豫地大量購買。

Période de consommation消費期

消費貝類的最佳通則就是在帶有「R」字母的月份食用，即從9月到4月。若要食用淡菜，最好選在9月和10月。這時期的貝類特別飽滿，淡菜也最爲美味。

至於干貝則是眞正服從季節性的貝類，因爲其捕撈受到省政府法令的約束。聖屈艾波爾特里厄(Saint-Quay-Portrieux)、聖布里厄(Saint- Brieuc)海灣、濱海洛吉維(Loguivy-de-la-Mer)、雷格(Le Légué)或厄爾奇(Erquy)的漁夫，獲准在10月至4月期間捕撈；每年都會規定確切的時間。

Conseils des chefs
主廚建議

請特別小心留意，因爲貝類經不起過度的烹煮。
爲了讓干貝肉能漂亮地上色，請先加熱平底煎鍋，
倒入一些油，接著放上擦乾的干貝，不要調味，
也不要再觸碰，直到見到干貝底部開始焦化。
只要在這時翻面，讓另一面也上色並立即享用。

保留干貝唇(barde)(位於干貝殼周圍)，可用來製作
美味的醬汁，或是在仔細清洗後用來製作燉菜。
若要煎干貝，請在平底煎鍋底部鋪上塗油的烤盤紙。
用這種方式烹煮，干貝肉將會完美地上色，
而且不會黏鍋。最後再調味，以免干貝的水分流失。

réparation製作

Cuisson à la marinière酒蔥煨法：翻炒洋蔥，加入白酒，接著加進平葉巴西利，然後放涼。接著將貝類放入酒蔥煨法(marinière)中，再度加熱至貝類開殼。

Cuisson nature水煮：將海水(或是加入大量鹽的水)煮沸，接著用漏勺將貝類浸入，等待開殼，從湯中撈起，立即品嚐。

Les bigorneaux海螺的烹煮：放入加了鹽和大量胡椒，以及百里香和月桂葉的冷水中，接著煮沸。一煮沸就熄火，在烹煮的湯汁中放涼。

Les bulot蛾螺的烹煮：前一天置於鹹水中吐沙，隔天放入大量的冷水中煮沸，微滾15至20分鐘，接著在烹煮的湯汁中放涼。

LES MOULES 淡菜

木樁淡菜(moules de bouchot)的名稱來自其養殖方式。成串的淡菜固定在海水裡的木樁上，這讓淡菜得以維持較小的體型。

地中海淡菜則是以繩子進行養殖，將繩子一條條綁在一起。這種淡菜的體型較木樁淡菜要來得大。

在6月至9月期間，我們也能找到諾曼第的野生淡菜。

Conseils des chefs
主廚建議

煮淡菜絕對不能煮太久，而且要以少量進行烹煮，烹煮期間務必要仔細攪拌，讓淡菜能夠均勻受熱。請記得保留貝類的烹煮原汁，可為海鮮高湯增添芳香，或是加入奶油後就成了麵食的絕妙搭配。

La mouclade 奶油酒焗淡菜(食譜概念)

將調味蔬菜炒至出汁，倒入白酒，接著用玉米粉(Maïzena)稠化至形成如貝夏美醬(béchamel)般的質地，預留備用。在一旁用熱白酒將淡菜煮至開殼，接著在淡菜開殼後倒入醬汁並加以攪拌。醬汁會因淡菜汁而變得較為稀釋和芳香。

LES HUÎTRES 牡蠣

牡蠣養殖市場由二種品種所瓜分，即***扁殼牡蠣 huître plate***(貝隆 belon、布茲格 bouzigues、康卡勒 cancalaise 等)，和***凹殼牡蠣 huître creuse***。可在淺水、深水養殖場進行養殖，對沿海品種的牡蠣來說這樣的條件已經足夠，或是在地中海延繩養殖。

經過二年的養殖後，將牡蠣放入鹽分較低而且浮游生物較豐富的養殖水池中進行肥化、精養和綠化。另一種技術是將牡蠣放入稱為「濯養 claire」的池中。牡蠣這時被浸泡在較淺的水中，並因此形成漂亮的綠色。這綠化的技術主要採用於瑪黑歐雷洪(Marennes-Oléron)地區。這種養殖法的特色是「navicula ostrearia」的培育，這是一種帶有藍色素的微小藻類，在和牡蠣的黃色外套膜結合後，會形成這種受消費者喜愛的特有綠色。最多肉的二種牡蠣，也是最容易取得，最常在餐廳裡見到的品種，即被稱為「特級 spéciale」和「皇后 impératrice」的牡蠣。

Le calibre 口徑

口徑依牡蠣的大小而定，凹殼牡蠣從0到5，扁殼牡蠣從000到6。可能很令人意外的是，數字越小，牡蠣就越大。

Huîtres creuses 凹殼牡蠣

Catégories	*Poids*
N°1	*121 à 150 g*
N°2	*86 à 120 g*
N°3	*66 à 85 g*
N°4	*46 à 65 g*
N°5	*30 à 45 g*

Huîtres plates 扁殼牡蠣

Catégories	*Poids pour 100 huîtres*
000	*10/12 kg*
00	*9/10 kg*
0	*8 kg*
1	*7 kg*
2	*6 kg*
3	*5 kg*
4	*4 kg*
5	*3 kg*
6	*2 kg*

L' indice de chair 剝肉率

剝肉率指的是瀝乾後的肉重與牡蠣總重之間的關係。這會依生產的地點和養殖的方式而有所變化。例如精選牡蠣(huître fine)所含的肉中等，剝肉率介於6.5至10之間，而特級牡蠣(huître spéciale)則擁有大於10.5的剝肉率。

La consommation 食用

將專用的短刃刀插入凹殼牡蠣殼的右上方，或是扁殼牡蠣殼的後方，將牡蠣開殼。接著將第一次烹煮的水倒掉，只食用第二次烹煮的原汁。

Conseils des chefs
主廚建議

爲了煮牡蠣，只要將殼緊閉的牡蠣
放入蒸鍋中蒸1分鐘。牡蠣肉就會煮得恰到好處，
而且無懈可擊地連接在殼上。

L'ORMEAU 鮑魚
不論是養殖還是合法捕撈（9公分的大小）的鮑魚，都必須將周圍堅硬的組織切除。

le consommer 將殼內的肉取出，接著去腸。將鮑魚肉洗淨，晾乾，接著包在潔淨的布巾裡，然後冷藏24小時；像這樣的冷卻處理是爲了讓肉變得軟嫩。您接著可以如同干貝一般烹煮，也就是在平底煎鍋中，以加熱至起泡的奶油快速煎炒，然後搭配巴西利醬（persillade）上菜。

L'OURSIN 海膽
海膽又稱爲「海中栗子châtaigne de mer」。除非例外，否則這是項野生的海產，因爲唯一的養殖者住在法國雷島（l' ile de Re）的弗洛特（Flotte-en-Ré）。

L'achat 購買
海膽無需去除任何氣味和排出任何滲出液。海膽必須具備一定的光澤、顏色深、口穴緊閉，而且尖刺與身體緊緊相連。

Préparation 處理
用剪刀尖端插入口器，將海膽打開，去掉口膜，收集橙黃色的舌狀物。這些生殖腺有5個，可以生吃或是加入醬汁作爲最後的稠化。

LE CALMAR 魷魚
魷魚（calmar 或calamar）屬於十足目家族。這種海洋軟體動物身長約50公分，紡錘狀的身體有黑膜覆蓋，後方有二個三角形的鰭。牠的小頭爲球狀，並含有十隻觸手，其中兩根非常長。和牠的近親墨魚一樣，具有一個墨囊。食用前必須先去掉牠的口器和骨片（體內透明的殼，形狀類似鵝毛）。
魷魚和槍烏賊（calamar et encornet）指的是同一種海產，只有體型不同，前者略大。魷魚也會依產地而有不同的名稱：地中海稱爲supion，西班牙或巴斯克地區稱作chipiron。

LE POULPE 章魚
章魚屬於八腕目家族。這種海生頭足動物（同墨魚）身長可達80公分。頭部具有尖銳的口器和八隻觸手，每隻觸手上有兩排吸盤。烹調前，章魚肉必須經過長時間的敲打並用水燙煮。

LA SEICHE 墨魚
在布列塔尼（Bretagne）又稱爲margate（海中的野兔）的墨魚，是頭足類的海生軟體動物，身體約30公分長，就像是灰米色的橢圓形袋子，又帶有淺紫色的光澤。墨魚具有十隻觸手，其中二隻特別長。

L'achat 購買
在陳列架上，請選擇肉質結實，極具光澤，尤其是沒有氣味，而且仍保有一定黏性的墨魚。

La cuisson 烹調
新鮮是海產大受好評的首要條件。所有頭足類的烹調都必須在短時間內以旺火進行。

Conseils des chefs
主廚建議

享受魷魚的風味，只要簡單用油炒，
再以鹽和胡椒調味即可。
油炸也很適合如透抽supion等小型的品種，
晾乾並略爲裹上麵粉後，就丟進熱好的油鍋中數秒。
至於墨囊中的墨汁，可用於製作醬汁、
燉飯（risotto），或是用來爲麵食上色。

— TECHNIQUES 技巧 —

Ouvrir des belons

貝隆牡蠣開殼

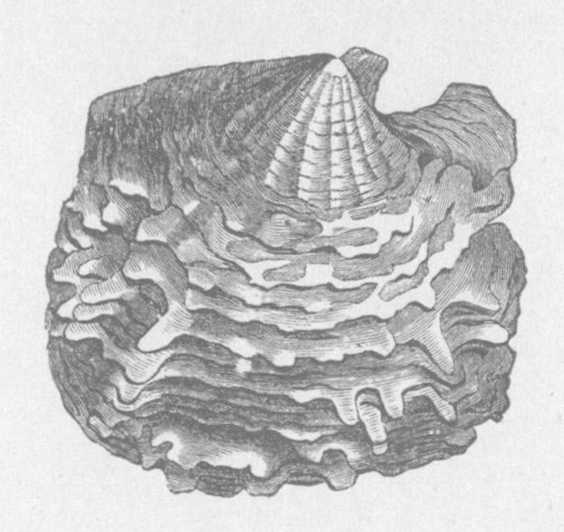

USTENSILE 用具

牡蠣用柳葉刀（Lancette à huître）（牡蠣刀）

— FOCUS 注意 —

為了能夠緊握牡蠣而不會讓自己受傷，請準備一條布巾，放在您的掌心裡。

• 1 •

緊握柳葉刀，接著從後方插入殼中，一邊慢慢地轉動。

• 2 •

沿著上面的殼將閉殼肌切斷，將刀身滑入，以便將牡蠣取出。

• 3 •

將上面的殼取下。

• 4 •

確保牡蠣中沒有殼的碎片，並檢查牡蠣是否還活著。

— TECHNIQUES 技巧 —

Ouvrir des couteaux

竹蟶開殼

❁

USTENSILE 用具

網勺(Araignée)

• 1 •

將竹蟶放入加了許多鹽(每公升水加8克)的微滾沸水中汆燙。

• 2 •

竹蟶一開殼，就立刻從水中撈出(否則會變得像橡膠)並瀝乾。

— TECHNIQUES 技巧 —

Ouvrir des coques au naturel

烏蛤水煮開殼

❁

USTENSILE 用具
網勺(Araignée)

• 1 •

將大量的鹽水加熱(每公升水加8克的鹽)。

• 3 •

等烏蛤開殼。

• 4 •

當烏蛤開殼時，從水中撈出。

• 2 •

在水開始冒煙時，將鳥蛤（預先在冷水中排沙24小時）浸入水中。

• 5 •

將鳥蛤瀝乾並放涼。

— FOCUS注意 —

不同於酒蔥煨法（marinière），
這項技巧得以保存貝類完整的味道。
您因而能取得所有味道的精萃，
並將它融入菜色、醬汁，和用來搭配
魚肉的淡奶油（beurre léger）中。

— TECHNIQUES 技巧 —

Ouvrir des coquilles Saint-Jacques

干貝開殼

❁

USTENSILE 用具

刀

— **FOCUS 注意** —

為了能夠輕鬆開殼，請用掌心緊握隆起處，

並用2根手指將殼略為撐開。

接著可選擇保存平坦還是凹陷的殼。

• 1 •

掌心握著隆起處，用拇指將殼略爲撐開，接著將刀插入，將閉殼肌割斷。

• 4 •

去筋。

• 7 •

將干貝肉放入冰涼的水中，讓干貝浸泡數分鐘。

• 2 •

小心地將殼稍微打開，用刀身將干貝肉從鼓起處切開。

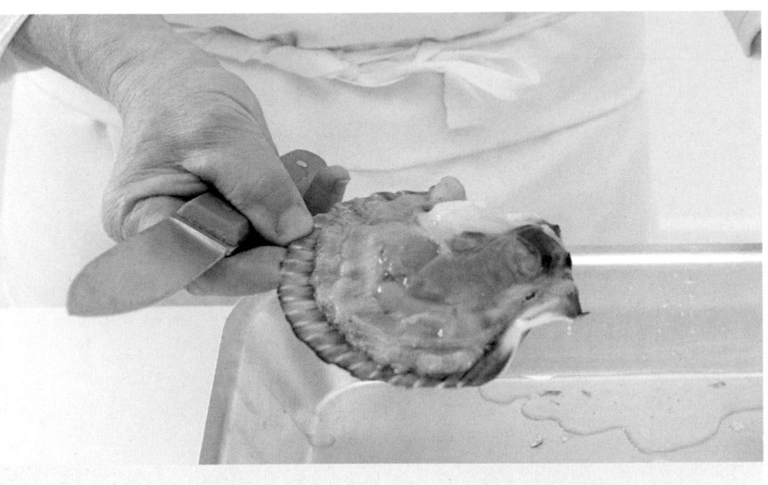

• 3 •

將二片殼分開，干貝肉仍黏在平坦的殼上。

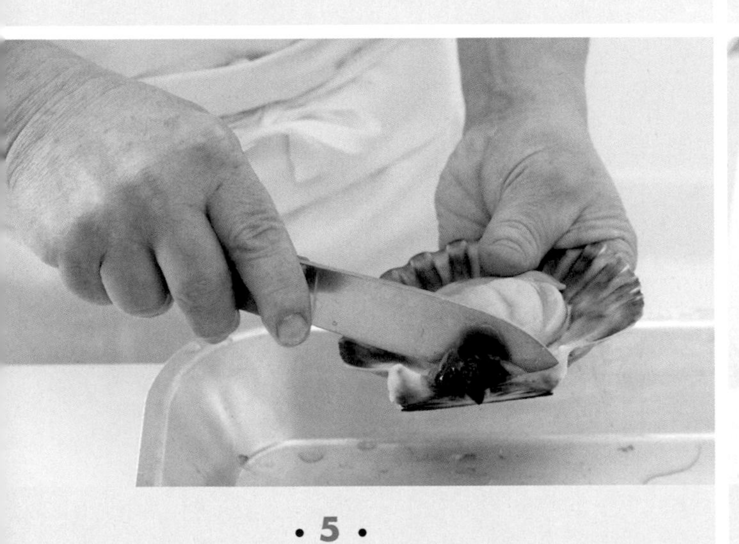

• 5 •

去掉沙袋。

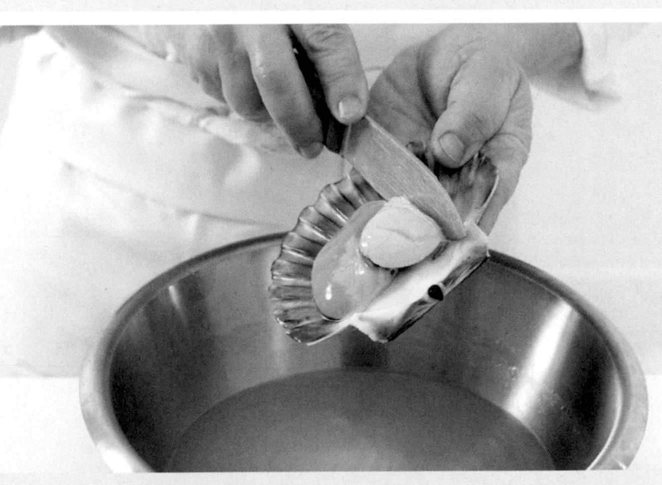

• 6 •

沿著閉殼肌，用刀將干貝肉取下。

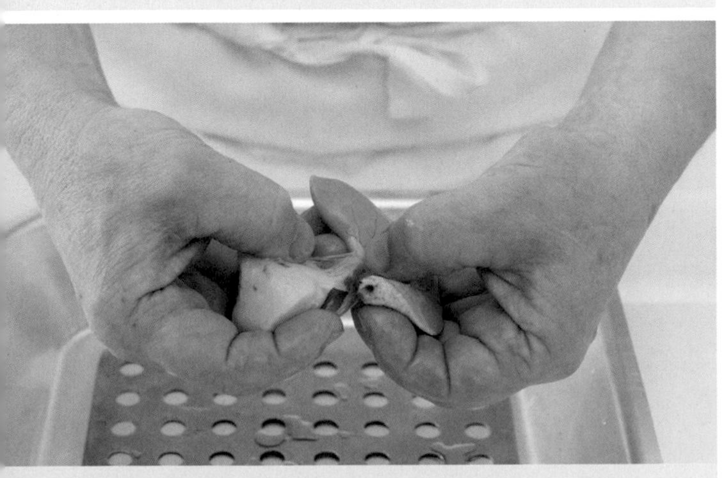

• 8 •

將干貝肉和卵分開，擺在潔淨的布巾上。

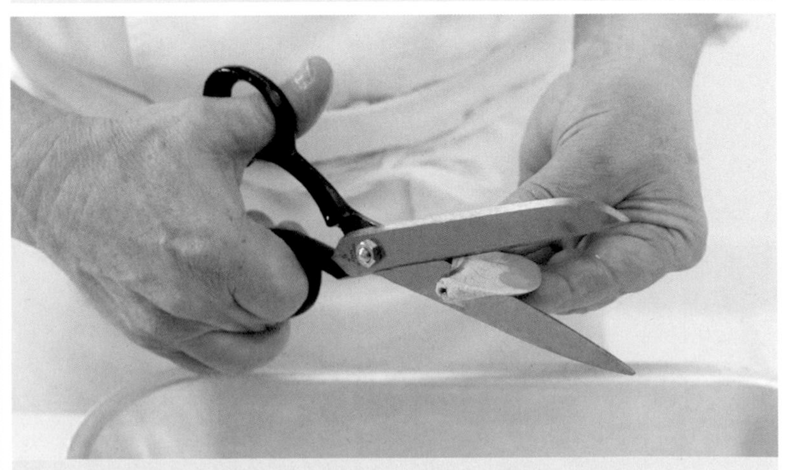

• 9 •

用剪刀修剪干貝卵。

— TECHNIQUES 技巧 —

Ouvrir des coquilles Saint-Jacques (variante)

干貝開殼（變化版）

USTENSILE 用具

刀

• 1 •

手握住殼，鼓起面朝向掌心。用大拇指將二片殼稍微撐開，將刀從高處插入，劃過平坦的殼，以切斷閉殼肌，並一次將干貝肉割下。

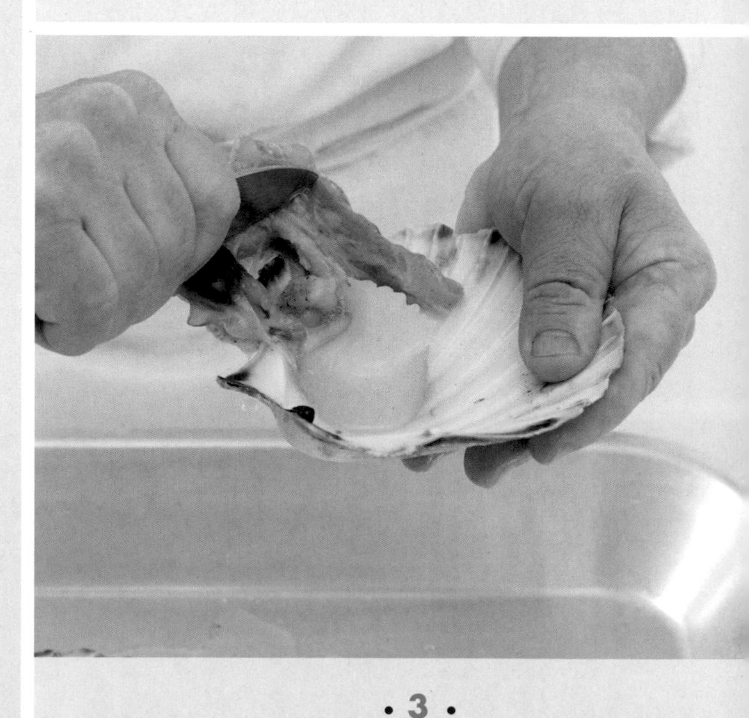

• 3 •

修整貝殼，去掉周圍的部位和干貝卵。

• 2 •

將二片殼打開並分開。

• 4 •

在冰涼的水中沖洗干貝和殼。

— TECHNIQUES 技巧 —

Ouvrir des huîtres creuses

凹殼牡蠣開殼

❁

USTENSILE 用具

柳葉刀（Lancette）（牡蠣刀）

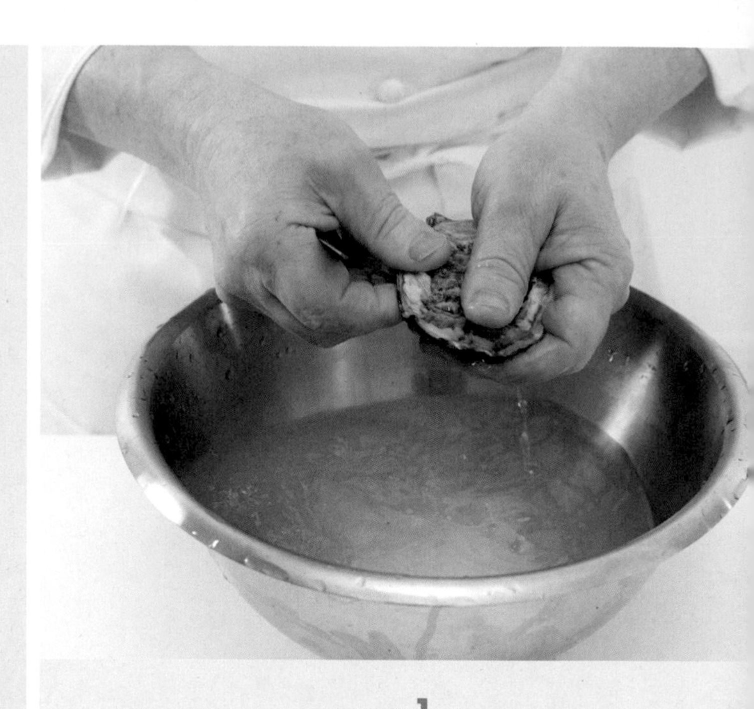

• 1 •

沖洗牡蠣，去掉可能存於表面的雜質。

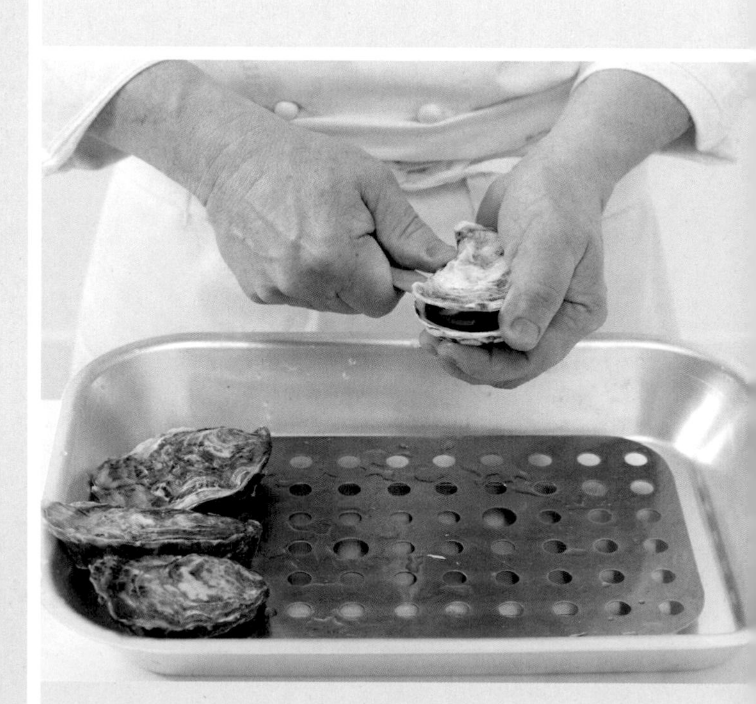

• 4 •

將上面的殼打開，但小心別將外套膜（manteau）給撕裂。

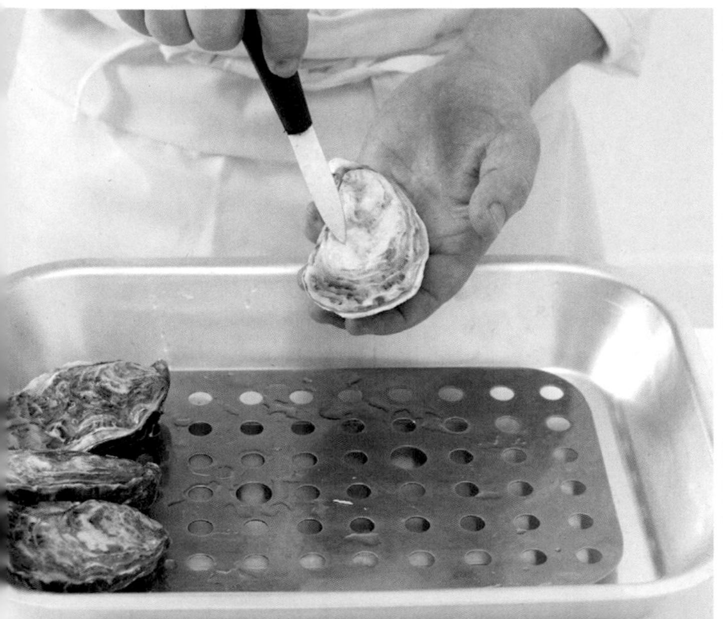

• 2 •

用掌心握住牡蠣，尾部朝向自己。需切斷的閉殼肌（muscle adducteur）就位於牡蠣的右上方。

• 3 •

將刀尖從閉殼肌的位置插入。

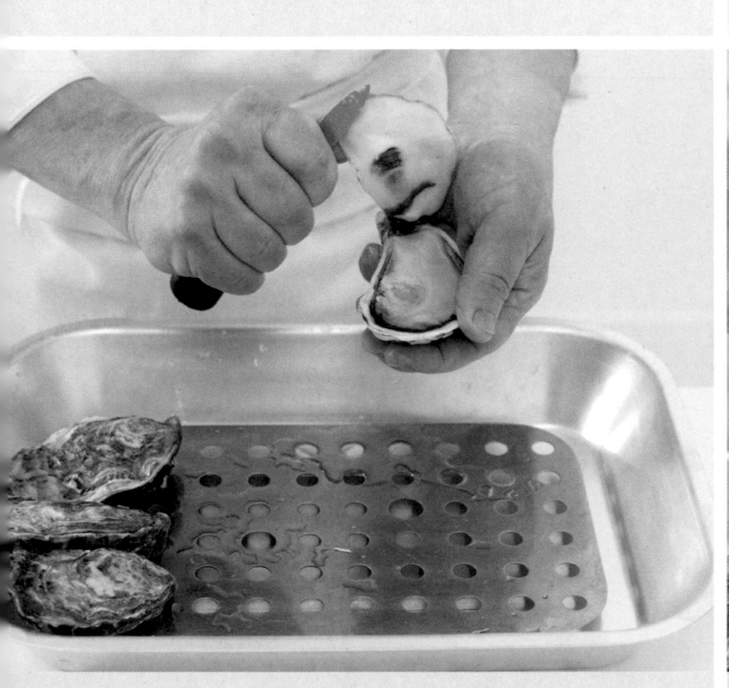

• 5 •

將殼去掉。

• 6 •

用食指或中指將第一次沖洗的水倒掉，並去掉可能存有的貝殼碎片。

— TECHNIQUES 技巧 —

Ouvrir des huîtres à la vapeur

蒸牡蠣開殼

USTENSILE 用具

柳葉刀(Lancette)(牡蠣刀)

• 1 •

將牡蠣放入北非小麥鍋(couscoussier)的上層，(或蒸鍋cuit-vapeur、蒸烤箱four vapeur)裡。

• 3 •

將刀尖插入牡蠣殼的右上方，切斷牡蠣的閉殼肌以開殼。

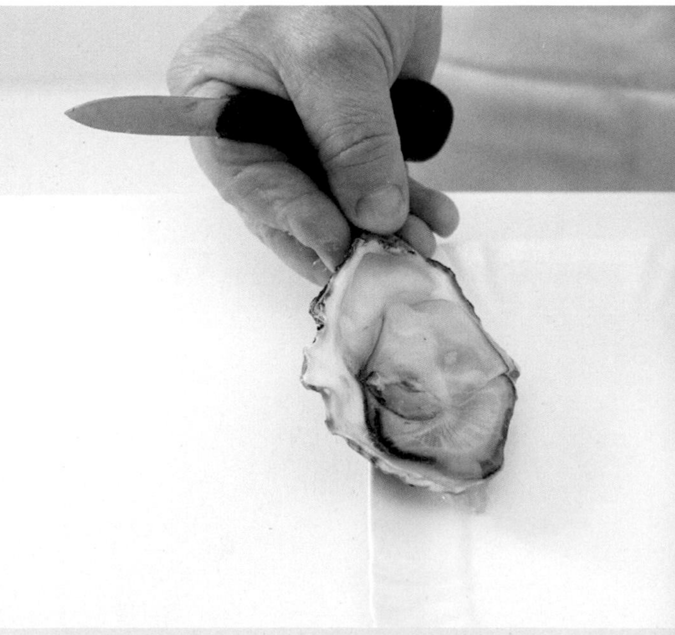

• 4 •

將牡蠣肉從殼中取下，擺在盤子(或碟子)上。

• 2 •

加蓋並以煮沸的蒸氣蒸1分鐘。

• 5 •

牡蠣已經處理好，可供熱或冷的料理使用。

— FOCUS注意 —

這項技巧讓牡蠣變得很容易開殼，同時也稍微增加了肉的彈性，並保留了軟體動物的原貌。值得留意的是，絕對遵守指示的時間非常重要，如此才能完整保存牡蠣的品質。

— TECHNIQUES 技巧 —

Préparer un crabe

螃蟹的處理

INGRÉDIENTS 材料

螃蟹1隻

court-bouillon調味煮汁

（見64頁）

水2公升

白酒200毫升

醋50毫升

洋蔥丁100克

胡蘿蔔丁100克

紅蔥頭50克

薑25克

平葉巴西利梗50克

月桂葉1片

百里香2枝

龍蒿1枝

整顆胡椒粒5克

三色胡椒粒（poivre mignonnette）5克

檸檬皮1顆

USTENSILES 用具

刀

修枝剪（Sécateur）

夾子

雙耳燉鍋

• 1 •

將螃蟹放入調味煮汁中。煮20分鐘後取出，放涼。

• 3 •

將滲出液瀝乾。

• 5 •

去鰓。

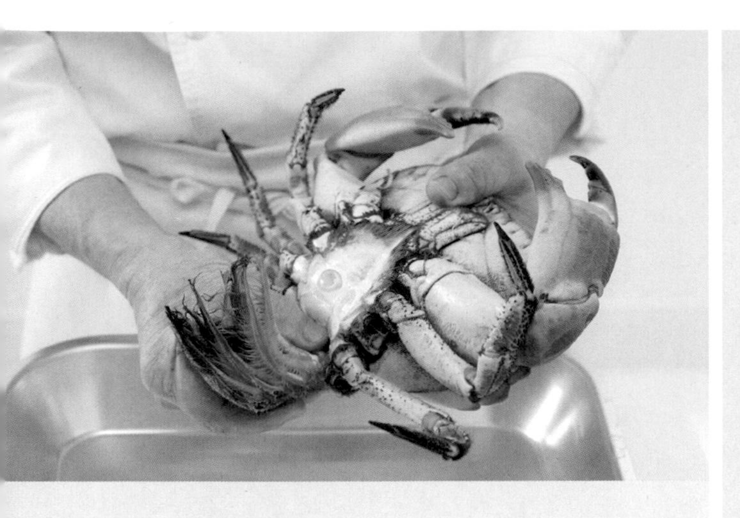

• 2 •

去除腹蓋。

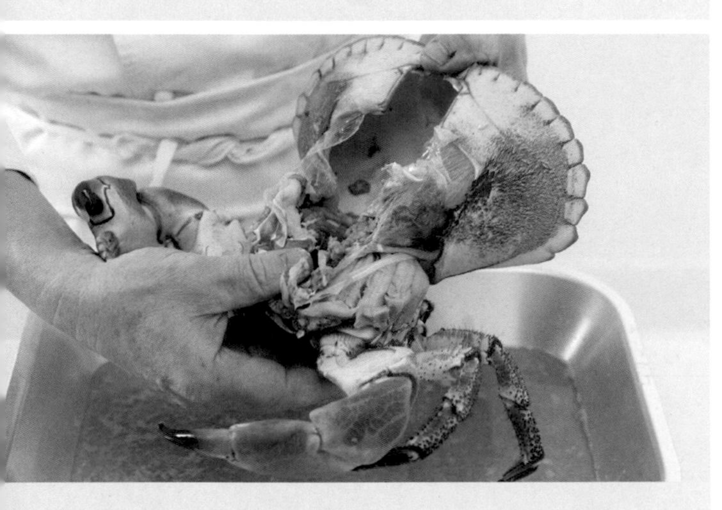

• 4 •

用拇指按壓大顎，將身體和甲殼分開。

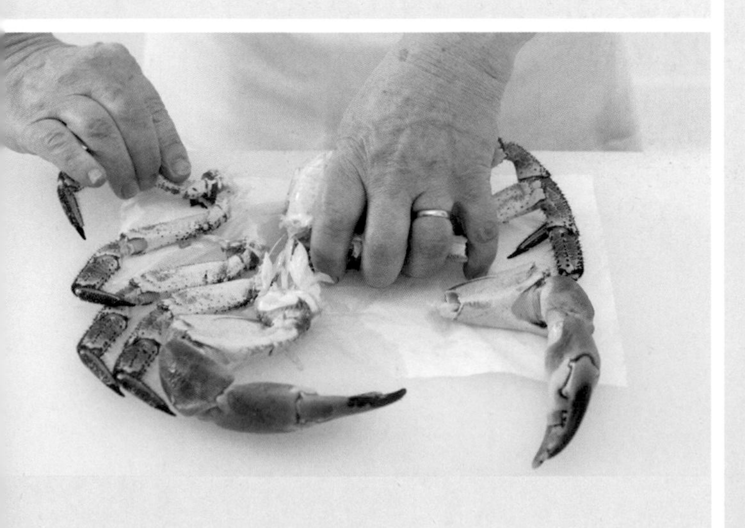

• 6 •

將螯和腳從身體拔除。

— FOCUS注意 —

為螃蟹去殼需要耐心和細心。
避開軟骨，用細齒雙齒叉
（fine fourchette à deux dents）取出
殼裡的肉。

• 7 •

將身體切成兩半。

• 8 •

小心地去除軟骨，將鉗拆下。

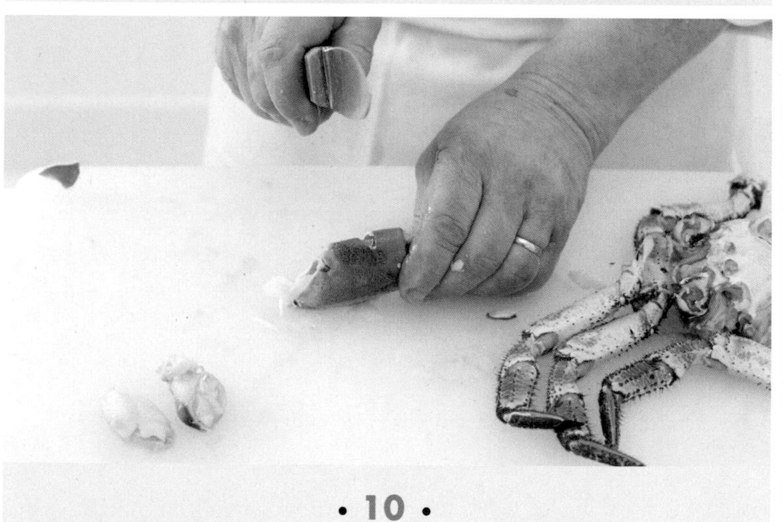

• 10 •

將殼壓碎並將肉取出。

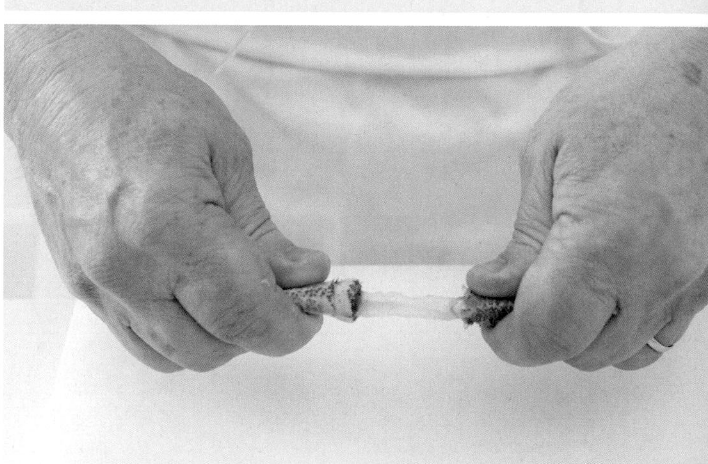

• 11 •

將每隻腳的不同部位分開，並取出肉條。

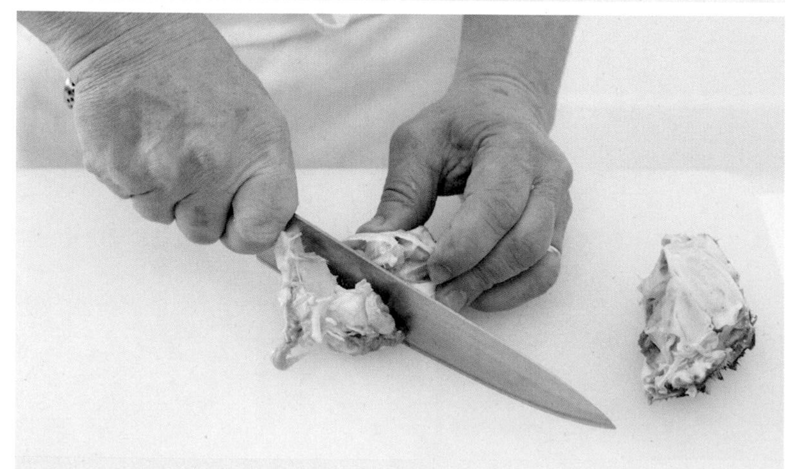

• 13 •

將每半隻蟹身縱切成兩半，以取出蟹肉。

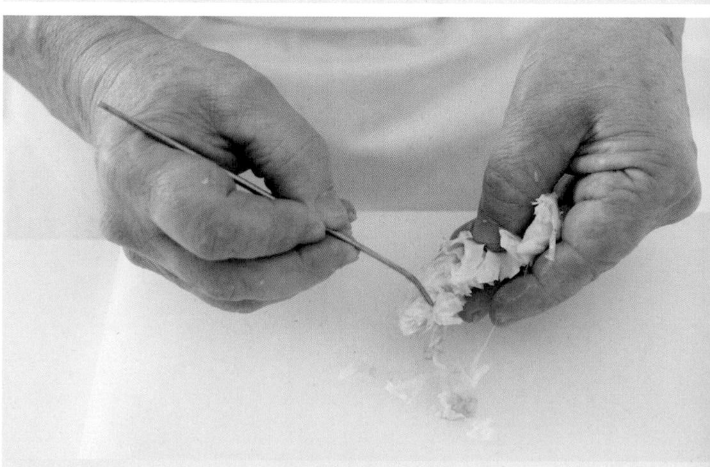

• 14 •

用適當的夾子取出所有的蟹肉。

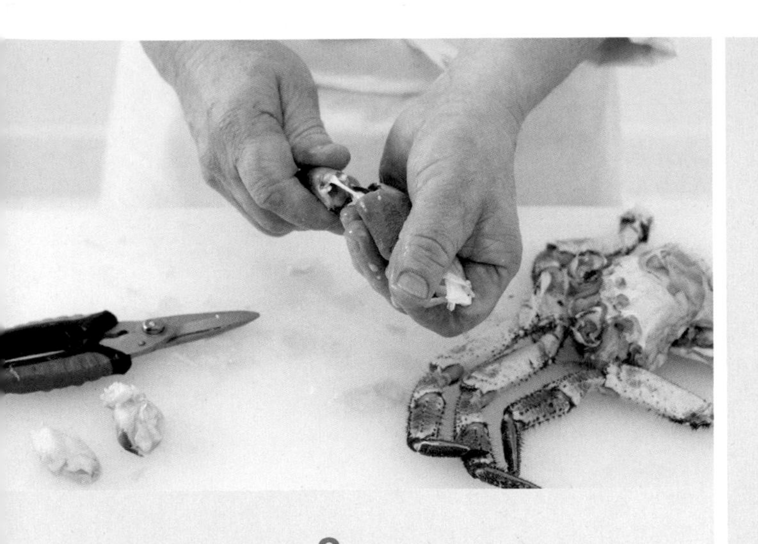

• 9 •

將鉗從關節處剝開成3部分。

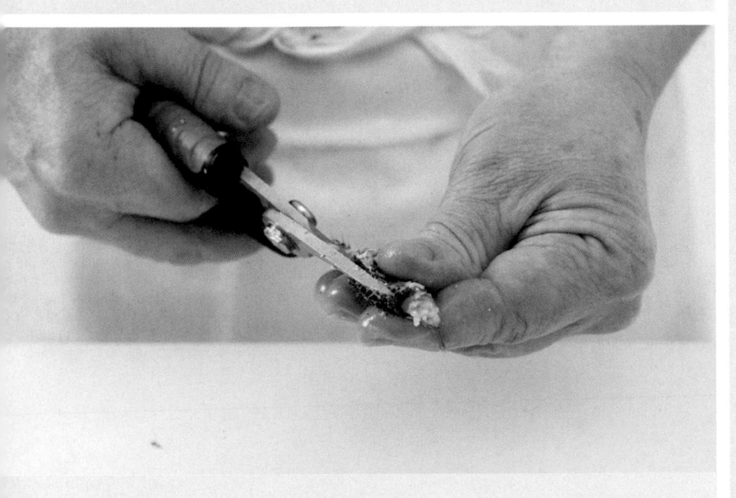

• 12 •

用修枝剪將足部頂端（較軟的殼）剪開，以取出蟹肉。

• 15 •

蟹肉已取出，隨時可供食用。

— TECHNIQUES 技巧 —

Préparer un homard

龍蝦的處理

INGRÉDIENTS 材料
龍蝦1隻

court-bouillon *調味煮汁*
（見64頁）
水2公升
白酒200毫升
醋50毫升
洋蔥丁100克
胡蘿蔔丁100克
紅蔥頭50克
薑25克
平葉巴西利梗50克
月桂葉1片
百里香2枝
龍蒿1枝
胡椒粒5顆
碎胡椒粒5克
檸檬皮1顆

• 1 •

將調味煮汁煮沸後，將龍蝦浸入10至12分鐘(平均每公斤以20分鐘計算)，接著瀝乾並放涼。

• 4 •

收集卵。

• 5 •

將存於腹部下方的膜都剪斷。

• 2 •

將鉗拔掉。

• 3 •

將腹部(尾巴)與頭胸部分開。

• 6 •

將肉整塊取出。

• 7 •

將鰓從頭胸部剝離。

• 8 •

從蝦殼中刮取剩餘的卵。

• 9 •

從關節處將鉗與肘部分開。

• 11 •

用大刀切一個小切口，以利將殼折斷。

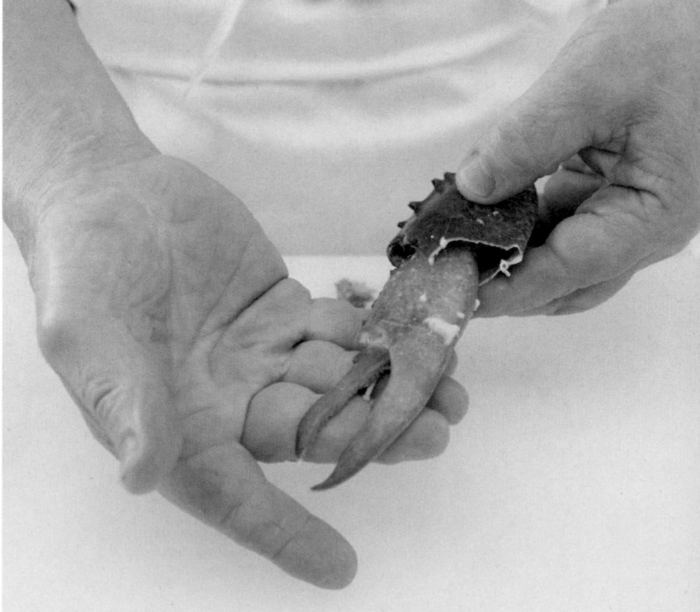

• 12 •

將完整的龍蝦肉從鉗中取出。

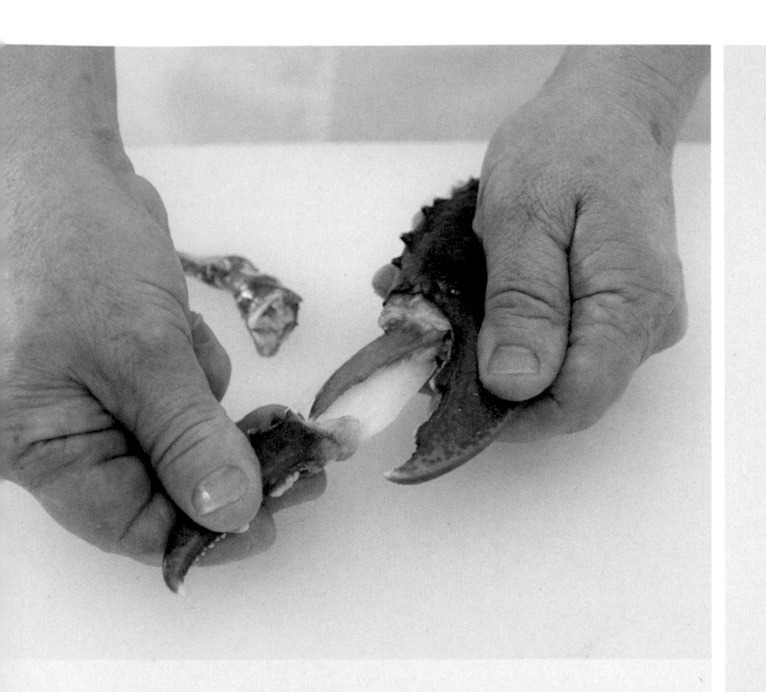

• 10 •

將指節與螯分開以去除軟骨。

— FOCUS 注意 —

龍蝦殼含有紅色素、蝦青素，
以及與蛋白質相關的甲殼藍蛋白。
因此在烹煮時，
甲殼會因分子分裂而變色。

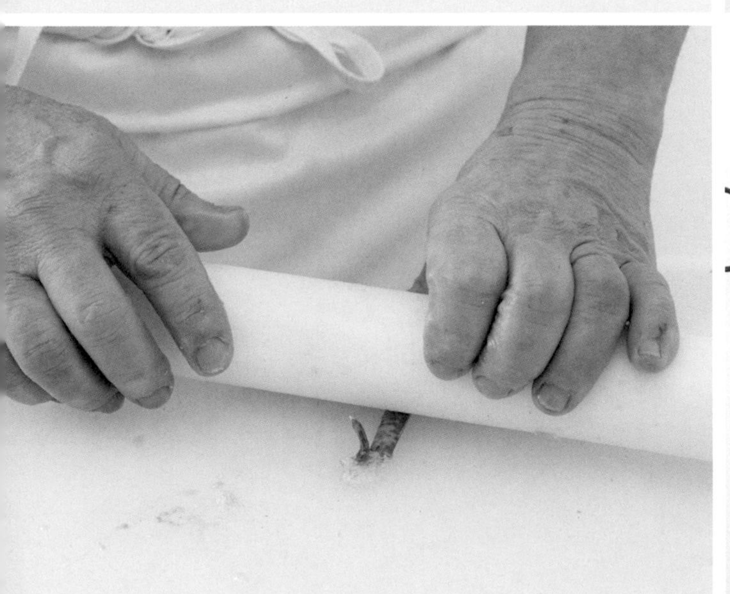

• 13 •

用滾筒將預先切去尖端的足部蟹肉壓出。

• 14 •

龍蝦的蝦殼和取出的龍蝦肉。

— TECHNIQUES 技巧 —

Préparer un oursin

海膽的處理

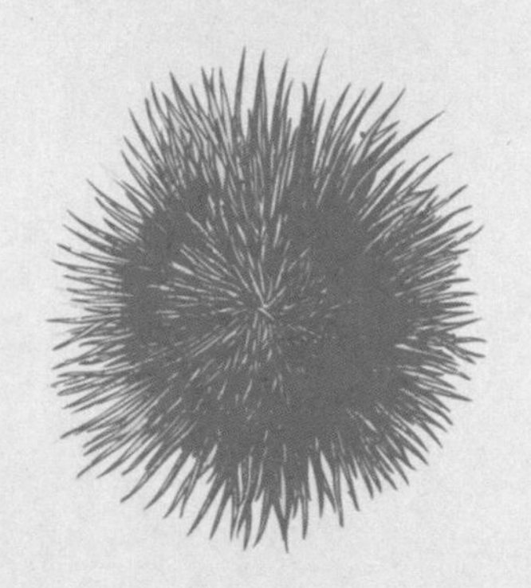

USTENSILE 用具

剪刀或修枝剪（sécateur）

• 1 •

準備一些鹽水。

• 3 •

若您想欣賞外殼漂亮的紫色，請將刺去除。

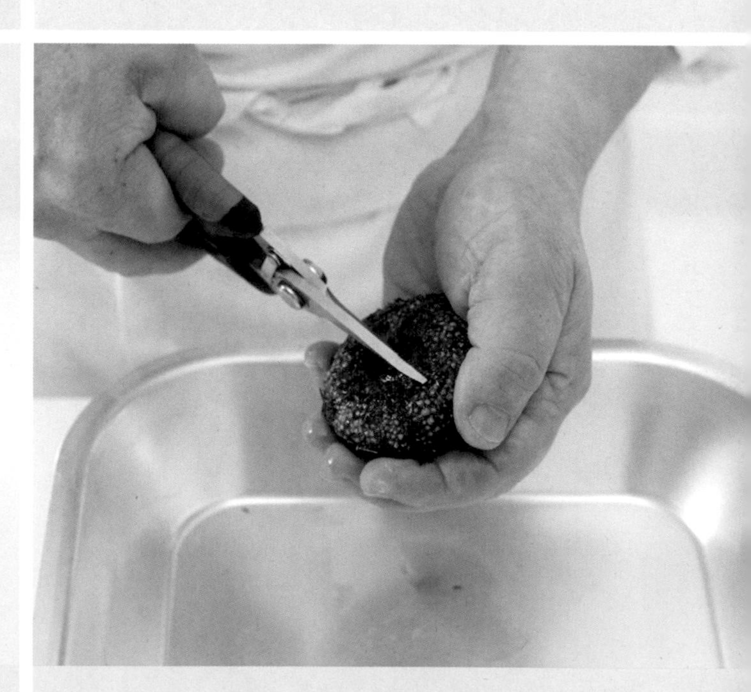

• 4 •

用剪刀（修枝剪）將上面的殼沿著嘴巴周圍剪開。

• 2 •

小心刺，將海膽洗淨。

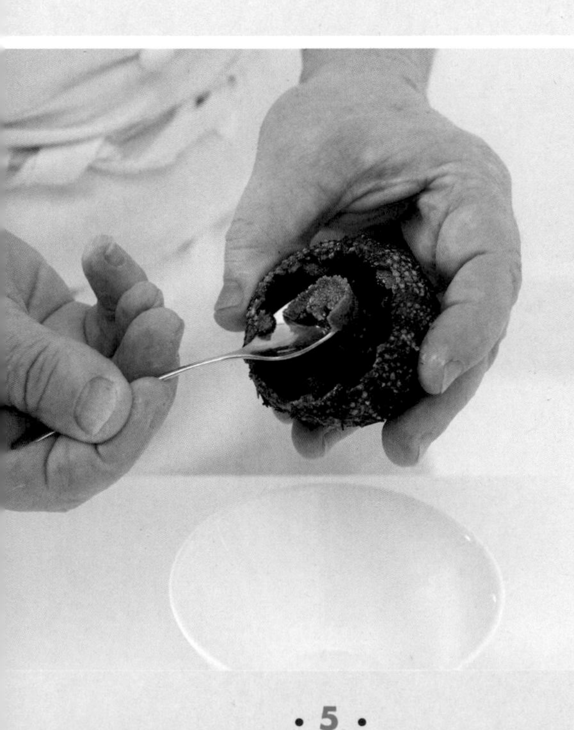

• 5 •

用小湯匙收集舌狀物（生殖腺或卵）。

— **FOCUS注意** —

海膽舌散發出強烈且無比微妙的海洋氣息。
值得留意的是，海膽不能烹煮，
只能生吃或是在最後一刻再加入
熱騰騰的備料中。

— TECHNIQUES 技巧 —

Préparer une seiche

墨魚的處理

USTENSILES 用具

刀

乙烯基手套(Gants vinyle)

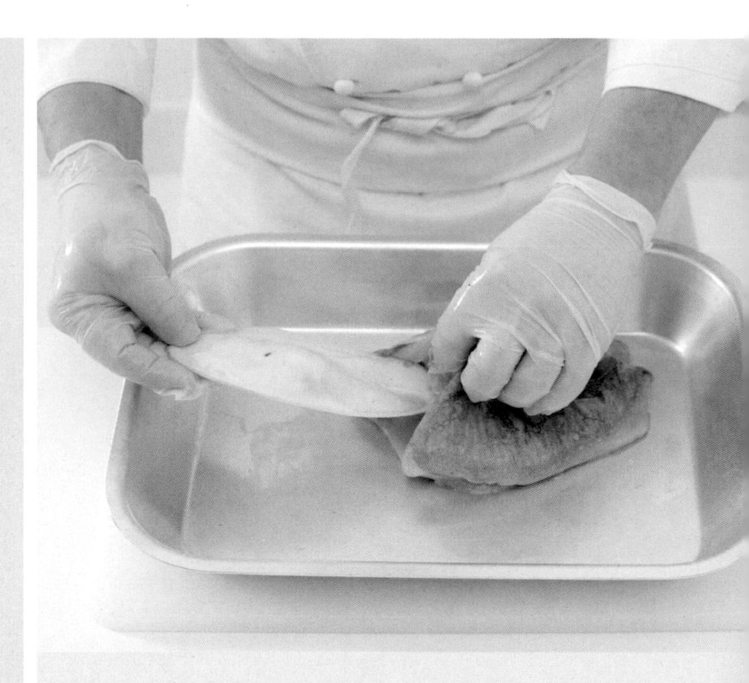

• 1 •

戴上手套，將中間的骨頭取出。

• 4 •

切成寬3至4公分的帶狀。

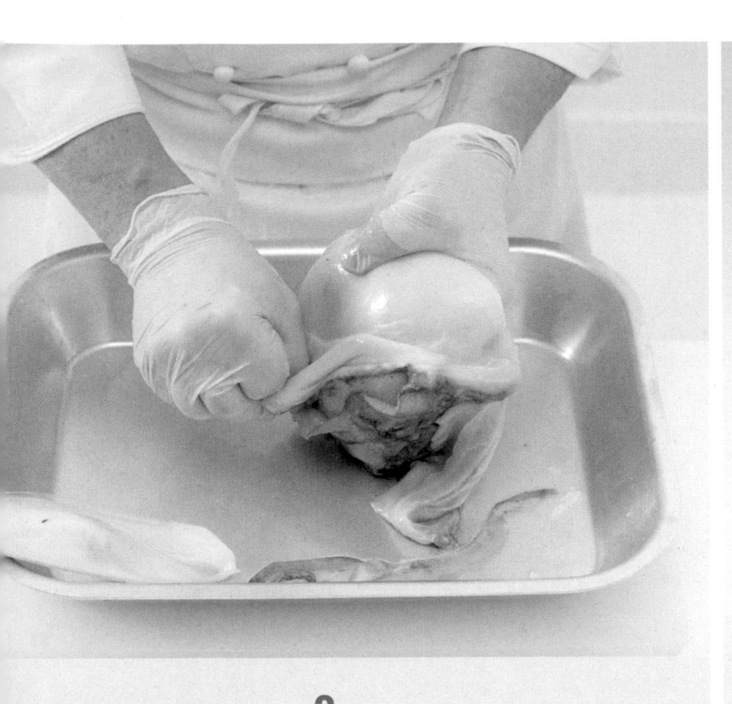

• 2 •

將黑色的皮和鰭剝除。

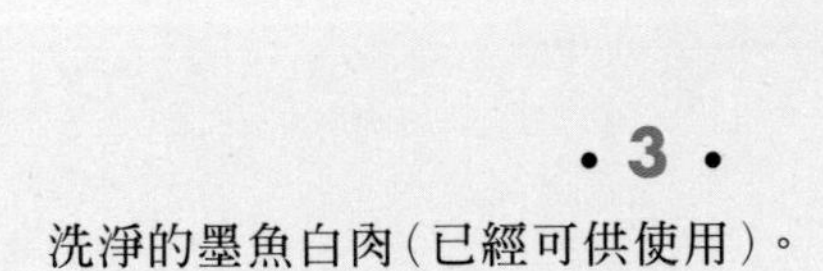

• 3 •

洗淨的墨魚白肉(已經可供使用)。

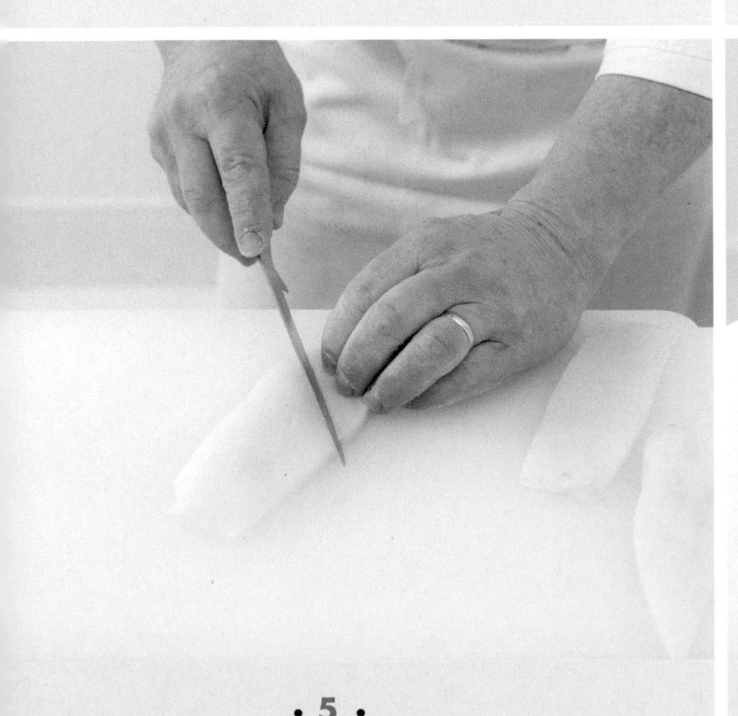

• 5 •

以對角線的45度斜切花紋但不切斷。

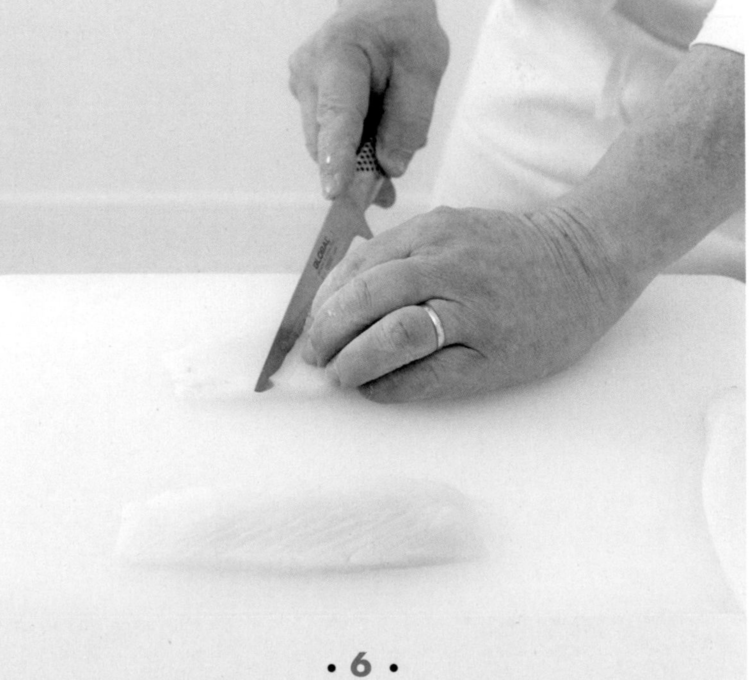

• 6 •

將墨魚白肉翻面，朝同一個方向斜切花紋。

— TECHNIQUES 技巧 —

Préparer un supion

透抽的處理

USTENSILE 用具

刀

• 1 •

將透抽攤平在砧板上。

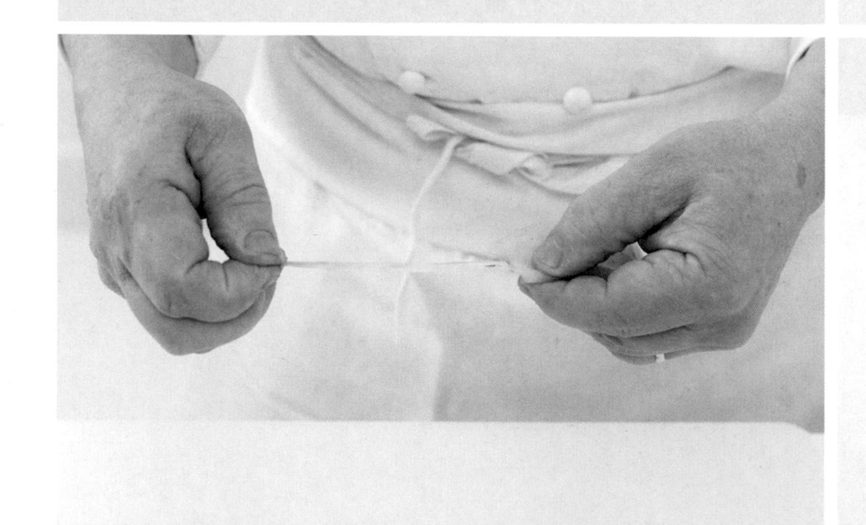

• 4 •

將中央的骨頭（骨片）抽出。將身體倒過來沖洗，接著再擺回原位。

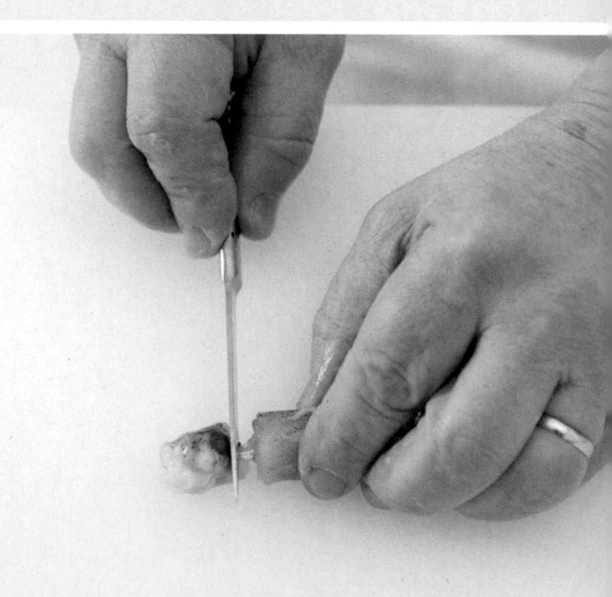

• 5 •

將嘴巴從頭部切掉，接著將觸手洗淨。

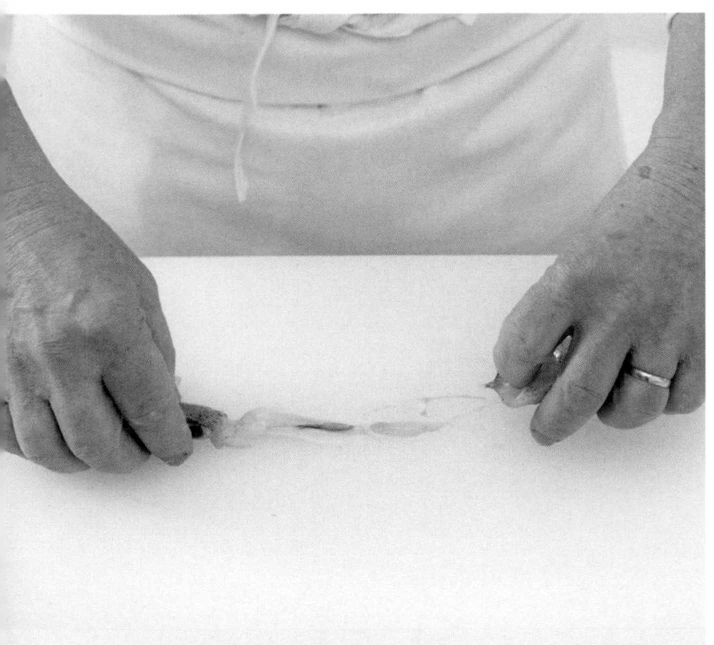

• 2 •

將頭和觸手拔掉。

• 3 •

去掉黑色的皮和鰭。

• 6 •

將白肉和觸手修整洗淨後，便可開始進行料理。

— TECHNIQUES 技巧 —

Cuisson des bigorneaux

濱螺的烹調

INGRÉDIENTS 材料

濱螺(bigorneau)500克
水2公升
綜合胡椒粒(poivres et baies en grains)10克
月桂葉2片
百里香5株
平葉巴西利¼小束
灰粗鹽(gros sel gris)10克

• 1 •

用清水沖洗濱螺，然後放入平底深鍋中。

• 3 •

用水淹過。

• 2 •

加入調味蔬菜（月桂葉、百里香和平葉巴西利梗）、鹽和胡椒粒。

• 4 •

煮沸後立刻停止烹煮，讓濱螺在烹煮的湯汁中放涼以保持軟嫩並增添香氣。

— FOCUS注意 —

濱螺是最小的貝類動物之一，
無疑也是最美味的，濃縮了海洋的味道。
遵循這項技巧將濱螺煮至完美且可口，
您會徹底愛上牠。

— TECHNIQUES 技巧 —

Cuisson des coquillages en marinière

酒蔥煨貝類的烹調

INGRÉDIENTS 材料

淡菜500克
鳥蛤500克
紅蔥頭50克
平葉巴西利梗50克
不甜白酒200毫升
奶油10克
大蒜1瓣
香料束(bouquet garni)1束

USTENSILE 用具

刮刀(Spatule)

• 1 •

將必要食材準備好在工作檯上(含事先用鹽水吐沙的鳥蛤)。去掉足絲。

• 3 •

加入切碎的紅蔥頭和2/3切成細碎的平葉巴西利梗，一起炒至出汁。

• 5 •

將鳥蛤(或其他貝類)放入酒蔥煨法(marinière)中。

• 6 •

開大火，加蓋煮沸至貝類開殼。離火，加入剩餘的平葉巴西利梗並加以攪拌。

• 2 •

在煎炒鍋中將奶油加熱至融化。

• 4 •

倒入白酒並煮沸。

• 7 •

倒入有孔盤中並去殼。

— FOCUS 注意 —

收集烹煮原汁，這將會讓您用來搭配魚肉的醬汁變得異常芳香。將貝類快速去殼，並保存在少許湯汁中。

—— TECHNIQUES 技巧 ——

Saumure

鹽水

❁

1.5公升的鹽水

INGRÉDIENTS 材料

水1.5公升

鹽500克

• 1 •

秤出足量的鹽。

• 3 •

倒入水。

• 2 •

將鹽倒入不鏽鋼盆(cul-de-poule)(或沙拉攪拌盆saladier)中。

• 4 •

攪拌至鹽完全溶解。

— FOCUS注意 —

鹽水可用於食材、魚類(亦有讓魚肉在烹煮前變得更緊實的作用)、肉類或蔬菜(如泡菜)的保存。

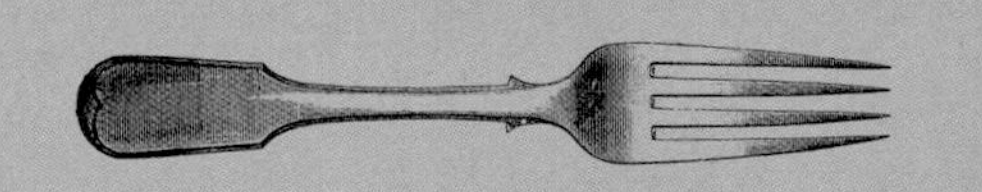

LES CRUSTACÉS, COQUILLAGES ET MOLLUSQUES
Recettes

甲殼類、貝類和軟體動物
食譜

等級 1

*

TOURTEAU ET AVOCAT EN COQUE D'ÉTRILLE ET GELÉE DE TOMATE

蟹殼酪梨麵包蟹佐番茄凍

6人份
準備時間：1小時
靜置時間：24小時（咖哩油）
烹調時間：30分鐘

INGRÉDIENTS 材料
大型梭子蟹（étrille）18隻
2公斤的麵包蟹（tourteau）1隻
（麵包蟹肉360克）

***huile de curry* 咖哩油**
熱水20克
咖哩粉20克
橄欖油250克

***mousse d'avocat* 酪梨慕斯**
吉力丁½片
成熟酪梨2顆
黃瓜120克
檸檬½顆
咖哩油
鹽
胡椒

***gelée de tomate* 番茄凍**
牛心番茄（tomates coeur-de-bœufs）1.2公斤
香菜¼小束
洋菜（6克 / 每公升）

***décoration* 裝飾用**
香菜葉12片

USTENSILES 用具
蔬果榨汁機（Centrifugeuse）
電動攪拌器（Robot mixeur）
濾布

1› 前一天製作咖哩油：將水加熱，和咖哩粉混合成糊狀。加入橄欖油，浸泡24小時。24小時後加以過濾，只保留油的部分。

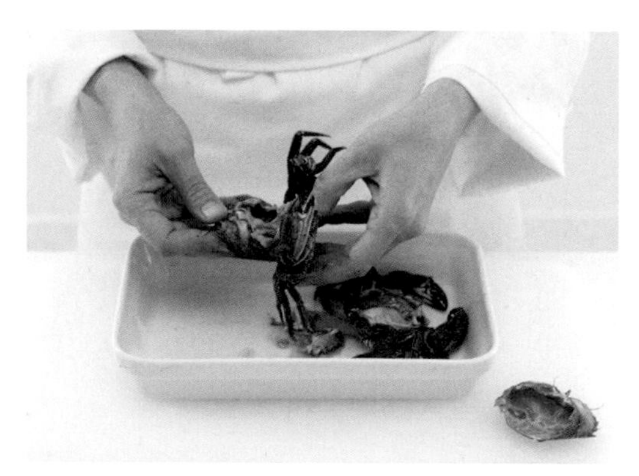

2› 梭子蟹：將梭子蟹刷洗乾淨，放入煮沸的鹽水中煮10分鐘。收集蟹殼，每人3個（或是做爲開胃菜1個），並保留內容物作爲他用。

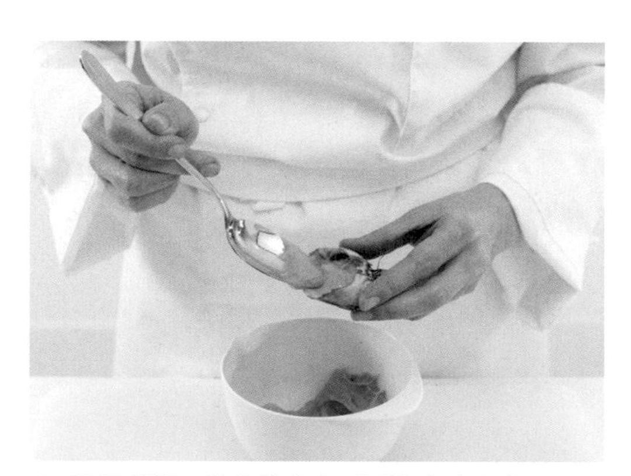

3› 酪梨慕斯：將半片吉力丁浸泡在冷水中。用蔬果榨汁機榨黃瓜，收集60克的黃瓜汁，加熱（剛好微滾即可），並將黃瓜汁混入擰乾的吉力丁片中。將酪梨縱切成二半，挖去果核，收集果肉，加入檸檬汁，接著和（加入吉力丁的）黃瓜汁一起用電動攪拌器攪打。用咖哩油調味，接著將酪梨慕斯填入蟹殼中，保存在陰涼處。

4› 麵包蟹：依螃蟹的大小而定，用甲殼蔬菜煮汁（nage）（調味煮汁）煮麵包蟹20幾分鐘（見182頁的技巧）。在網架上瀝乾，放涼後爲麵包蟹去殼。

5› 仔細去除可能存於肉中的小塊殼或軟骨，接著將去殼的麵包蟹蟹肉填入梭子蟹的蟹殼中，每個殼填入20克的蟹肉。冷藏保存。

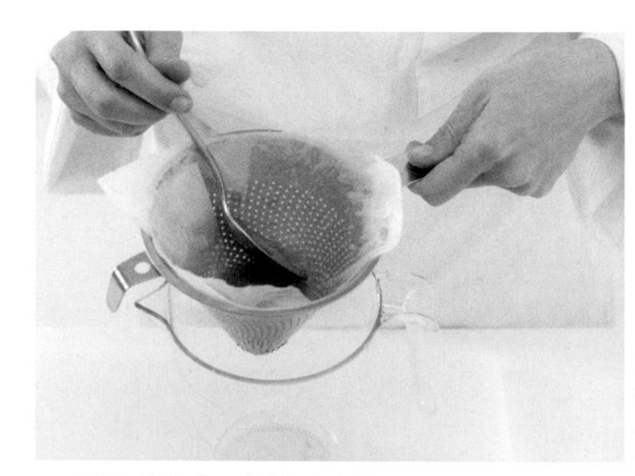

6› 製作番茄凍：將整顆番茄，連同果皮、籽和香菜，一起用電動攪拌機攪打，接著用濾布瀝乾過濾，收集番茄香菜汁。依取得的番茄香菜汁量而定，加入足量的洋菜，煮沸，滾30秒。放涼，接著直接倒入小玻璃杯底部和充分冷卻，塞了餡的蟹殼中。

7› 在裝有凝膠狀番茄汁的杯子中，以剩餘的酪梨慕斯填滿玻璃杯，再擺上剩餘的麵包蟹肉。

8▸裝飾：油炸香菜葉。上菜時，在每個殼中擺上1至2片的香菜葉。

等級 2

✻✻

DÉCLINAISON DE TOURTEAU, CÉLERI ET POMME VERTE

青蘋塊根芹麵包蟹

6人份
準備時間：2小時30分鐘
（連同靜置時間）
靜置時間：1個晚上（青檸油）
烹調時間：20分鐘（麵包蟹）
20分鐘（西洋芹）

INGRÉDIENTS 材料

huile de citron vert *青檸油*
青檸檬1顆
橄欖油100毫升

bavaroise de céleri
塊根芹巴伐利亞奶凍
塊根芹400克
液狀鮮奶油240毫升
吉力丁片5克
青蘋果丁100克
（保存切下的碎屑，用來製作蘋果花冠）

corolle de pomme *蘋果花冠*
西洋芹¼小束
史密斯青蘋果碎500克
蘋果綠食用色素（Colorant vert pomme）

effilochée de tourteau *蟹肉絲*
麵包蟹肉180克
濃芥末蛋黃醬（Mayonnaise bien moutardée）（見88頁）
青蘋果100克

garnitures *配菜*
菊苣沙拉（salade frisée）1份
青檸橄欖油
（Huile d'olive au citron vert）
鹽

USTENSILES 用具
直徑8公分、高2公分的圓形中空模6個
蔬果榨汁機（Centrifugeuse）
直徑2.5公分的壓模

1› 前一天製作青檸油：用水果刀將青檸檬的皮取下，放入油中並浸泡一整晚。預留備用。

2› 製作塊根芹巴伐利亞奶凍：將塊根芹削皮，切成大丁，然後進行英式燙煮anglaise(放入加鹽沸水中)，煮至刀尖可輕易插入果肉爲止。仔細瀝乾，接著和80毫升預先加熱的液狀鮮奶油一起用電動攪拌器攪打，加入已放入冰水中泡軟的吉力丁混合均勻，並擺在一層冰塊上冷卻。將剩餘160毫升的鮮奶油打發成鮮奶油香醍，然後輕輕地混入塊根芹鮮奶油中，接著再混入青蘋小丁。

3› 填入圓形中空模中。冷藏保存。

4› 青蘋果花冠：先製作西洋芹汁，保留西洋芹的嫩梢和嫩葉(將和菊苣沙拉搭配使用)，將剩餘的部分和青蘋果碎屑(在切丁後保存下來)放入攪拌機中攪打。將獲得顏色漂亮的果汁(可視情況加入食用色素)。

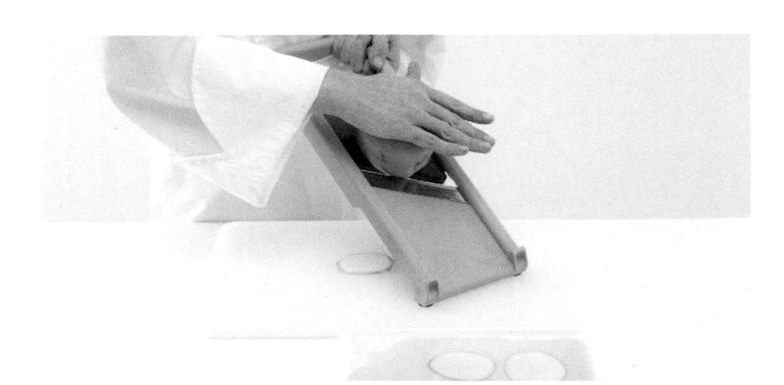

5› 將青蘋果連皮一起切成1公釐厚的薄片，鋪在烤盤上，淋上青蘋果塊根芹汁。讓青蘋果片浸泡在果菜汁中，冷藏1小時。

6› 麵包蟹：經過烹煮並去殼(見182頁的技巧)後，用蛋黃醬爲蟹肉調味，務必要讓麵包蟹保持通風，接著混入切好的青蘋果細絲。

7› 沙拉的部分：將菊苣洗淨，只保留白心的部分，切成細絲。將菊苣和保留的西洋芹嫩葉混合，在最後一刻用青檸橄欖油和鹽調味。

8› 擺盤：在每個碟子裡擺上塊根芹奶凍，放上30克調味的麵包蟹肉，接著用青蘋果片(大小同塊根芹奶凍)製作花冠，然後在中央擺上少許的西洋芹和菊苣沙拉。

等級 3

✻✻✻

6人份
準備時間：45分鐘
烹調時間：45分鐘

INGRÉDIENTS 材料

peau de lait乳皮
冷的牛乳（lait froid）1公升
洋菜（agar-agar）17克
結蘭膠（gomme gellan）7克

pâte de crevettes蝦醬
紅蔥頭10顆
大蒜10瓣
老薑1塊
植物油
檸檬草（citronnelle）5根
鳥椒（piments oiseaux）3根
棕櫚糖（sucre de palme）1大匙
泰式蝦醬100克
去皮且切碎的番茄600克
紅辣椒粉1小匙
檸檬汁250毫升

ravioles義麵餃
奶油南瓜（courge butternut）1條
（保存切下的碎屑，用來製作慕斯林醬）

la mousseline de butternut
奶油南瓜慕斯林醬
奶油南瓜碎屑500克
奶油75克
柚子汁、柚子皮50克
第戎芥末醬15克
苦杏精（amande amère）10滴
橄欖油20克
檸檬汁20克

cuisson des épinards菠菜蟹肉
菠菜苗150克
新鮮蟹肉250克（麵包蟹）
大蒜1瓣
薑10克
橄欖油20克
檸檬汁½顆

USTENSILES用具
電動攪拌機或切碎機
煎炒鍋
食物研磨器或食物調理機
直徑5公分的壓模
拋棄式擠花袋（Poche jetable）

RAVIOLES DE BUTTERNUT YUZU, ÉPINARD ET CHAIR DE CRABE

蟹肉菠菜柚香奶油南瓜餃

帕斯卡・巴博Pascal Barbot，巴黎斐杭狄副教授。

帕斯卡・巴博是同輩中最低調也最有才華的主廚之一。謙遜、穩重而慷慨，他在巴黎16區的餐廳，推出了具現代風格的混合料理。

乳皮：前一天，用電動攪拌機攪打洋菜粉、結蘭膠粉和冷牛乳，靜置1個晚上。隔天，再度攪打放涼的混合物，然後煮沸10秒。當混合物到達80℃時，倒入餐盤中達1公釐的厚度，放涼。亦可用百里香或其他自行選擇的香草爲牛乳增添香氣。

蝦醬：將紅蔥頭、大蒜和薑去皮，接著放入研缽中搗碎，或是切至細碎。在另一個平底煎炒鍋中，用油將上述辛香料炒至出汁。混入搗碎的檸檬草、搗碎的鳥椒和棕櫚糖。加入蝦醬、切碎的番茄和辣椒粉。續煮30分鐘，接著倒入檸檬汁。用食物調理機攪打至滑順。放至完全冷卻，接著用油覆蓋表面，以免氧化。冷藏保存。

奶油南瓜義麵餃：用火腿切片機（machine à jambon）將奶油南瓜切成薄片。用壓模壓切成直徑5公分的圓形，再放入熱水中燙煮數秒，煮至可以折起的程度。預留備用。

奶油南瓜慕斯林醬：燙煮奶油南瓜碎屑並仔細烘乾。和冷奶油以及其他材料（柚子、芥末、苦杏、橄欖油、檸檬汁）一起放入電動攪拌機中攪打。保存在拋棄式擠花袋中。

菠菜蟹肉：在煎炒鍋中快炒菠菜：先放入一些大蒜、薑、橄欖油，以及蝦醬。加入蟹肉，接著是菠菜苗。

組裝：將圓形的奶油南瓜折成圓錐狀。填入慕斯林醬，接著蒸幾秒。在非常乾淨的慕斯圈中擺入菠菜蟹肉。將乳皮裁成和湯盤底部同樣大小的圓，將乳皮擺在麵包蟹上，讓蟹肉的表面變的平整，擺上義麵餃，並淋一些甲殼類的油，以菠菜苗和食用花裝飾。

— *Recette* —

食譜出自

等級 1

*

HOMARD EN BELLE-VUE

精美龍蝦

6人份
準備時間：2小時
烹調時間：50分鐘

INGRÉDIENTS 材料

500克的布列塔尼龍蝦（homard breton）3隻
松露薄片或魚卵（œufss de poisson）
自製蛋黃醬（mayonnaise maison）（見88頁）100克

***gelée de poisson** 魚凍*

吉力丁15至20片
魚高湯（見26頁）1公升
蛋白2個

***court-bouillon** 調味煮汁*

胡蘿蔔150克
洋蔥150克
西洋芹80克
香料束1束
胡椒粒（grains de poivre）8顆
八角茴香（anis étoilé）3顆
白醋（vinaigre blanc）200毫升
粗鹽20克

USTENSILES 用具

潔淨的布巾
烹煮龍蝦用的小木棒（planchettes de bois）
電動攪拌器
裝有擠花嘴的擠花袋（Poche à douille）

1› 魚凍：前一天，將吉力丁浸泡在冷水中，冷藏備用。隔天，取一小部分的魚湯，和蛋白混合。將剩餘的魚湯煮沸。將魚湯和蛋白的混合物加入平底深鍋中，攪拌後微滾15分鐘。

2› 將魚湯以非常潔淨的布巾過濾，以去除所有的雜質（如有必要，將最初倒入布巾的魚凍再過濾一次，因爲最初的魚凍可能會有點濁）。將軟化的吉力丁擰乾，混入過濾的魚湯中混合均勻。放涼備用，作爲之後的鏡面使用。

3› 調味煮汁：將所有蔬菜切成薄片，接著和調味煮汁的其他材料一起浸入裝滿冷水的平底深鍋中。煮沸並微滾約30分鐘。

4› 龍蝦的烹煮：將活龍蝦與小木棒綁起，或是用繩子固定住（將尾部綁好，並將橡皮筋留在鉗上，以免受傷）。將龍蝦浸入調味煮汁，煮約18分鐘至起泡（冒小泡）。在調味煮汁中放涼。

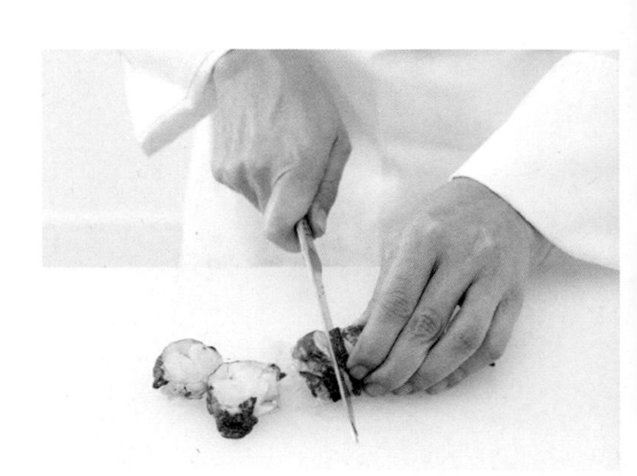

5› 龍蝦的處理（見186頁的技巧）：龍蝦背部朝下擺放，用剪刀輕輕切下腹部的膜。保留胸肉作爲裝盤用。仔細取下完整的尾部，然後切成約5公釐厚的圓形片狀。

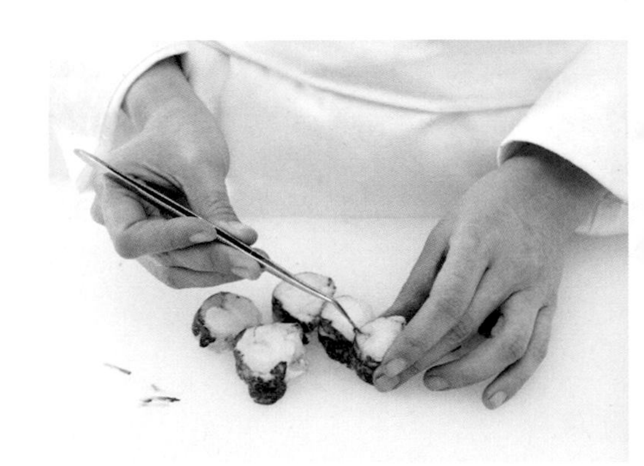

6› 去掉每片龍蝦中央小塊的內臟。

7› 將龍蝦片擺在非常潔淨的不鏽鋼烤架上，下方放置烤盤。在每片龍蝦上擺上1小片松露薄片或魚卵，接著爲每個龍蝦片淋上魚凍（魚凍的質地必須如油般濃稠）。另外2隻龍蝦也以同樣方式處理。將魚凍一次淋在龍蝦片上，務必不要讓魚凍流到烤盤上。保存在陰涼處。

8› 建議：在蛋黃醬中融入龍蝦卵：製作非常濃稠的蛋黃醬。將生的龍蝦卵和少量的水一起用電動攪拌器攪打，煮至微滾。將這平滑的混合物混入蛋黃醬中並加以調味。

9› 最後完成：將龍蝦的空殼固定在盤子上，以免蝦殼滑動。從頭部開始，將龍蝦片從大到小擺在龍蝦殼上，一直排至尾部。用裝有擠花嘴的擠花袋擠上一點龍蝦蛋黃醬（或附在一旁自由蘸取）。

等級 2

✻✻

HOMARD EN GELÉE DE SAFRAN

番紅花龍蝦凍

6人份
準備時間：3小時
烹調時間：1小時

INGRÉDIENTS 材料
每隻500克的布列塔尼龍蝦3隻

court-bouillon *調味煮汁*
胡蘿蔔150克
洋蔥150克
西洋芹80克
香料束1束
胡椒粒8顆
八角茴香3顆
白酒200毫升
粗鹽20克

geléede poisson *魚凍*
吉力丁10克
魚高湯½公升（見26頁）
蛋白1個

garnitures *配菜*
櫛瓜250克
非常優質的橄欖油50毫升
番茄200克
球莖茴香2顆
龍蝦碎肉（Chutes de homard）
白胡椒粉（Poivre blanc moulu）

fiition *最後完成*
番紅花粉
新鮮羅勒葉10片
去皮櫻桃番茄6顆
球莖茴香薄片6片
橄欖油
新鮮杏仁（夏季）
番紅花（Filaments de safran）
細鹽

USTENSILES 用具
烹煮龍蝦用的小木棒（planchettes）3個（20×5公分）
直徑6公分且高6公分的圓形慕斯圈

1› 魚凍：前一天，將吉力丁片浸泡在足量的冷水中，冷藏保存。隔天，取少量的魚高湯，和蛋白混合。將剩餘的魚高湯煮沸。這時將魚高湯和蛋白的混合物加進平底深鍋中，攪拌並煮約15分鐘至微滾（冒出小氣泡）。

2› 將澄清的魚高湯倒入非常潔淨的布巾中，以去除所有雜質（如有需要，請將最先流下的魚高湯再度過濾，因為最初的魚高湯可能會有點混濁）。用手擠壓軟化的吉力丁，以擠出所有的水分，接著混入熱的魚高湯中攪拌均勻。預留備用並放涼，作為之後的鏡面使用。

3› 調味煮汁的配製，龍蝦的烹煮和準備：請參考前一頁的食譜和186頁的步驟技巧。

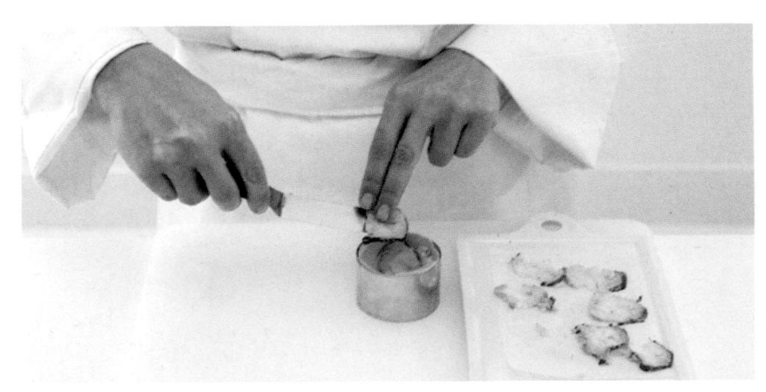

4› 在每個圓形的不鏽鋼慕斯圈中以數片龍蝦肉圍邊，其他的龍蝦肉預留備用，用保鮮膜包起，冷藏保存。將龍蝦鉗敲碎，取出龍蝦肉但不要損壞。將尾部的碎肉切成5公釐的小丁。

5› 製作配菜：將櫛瓜切成丁，用橄欖油快炒（瓜肉必須還很脆）。將番茄去皮（浸入沸水中數秒後去皮），只收集番茄果肉。將球莖茴香去皮，並切成骰子塊（mirepoix）（很小的塊狀—見432頁），然後在煎炒鍋中和一些水、橄欖油和粗鹽一起烹煮。

6› 取些許魚凍，用番紅花稍微調味。將4片羅勒葉切碎，另外6片保留作為裝飾用。混合龍蝦肉碎肉、櫛瓜（保留少許作為裝飾用）、茴香薄片、番茄果肉、切碎的羅勒和用番紅花調味的魚凍（加至食材的高度即可，以免淹過食材）。用鹽和白胡椒調味。

7› 將上述混合物放入鋪有龍蝦肉的慕斯圈中。以保鮮膜包起，冷藏30分鐘。

8› 最後完成（每個慕斯圈）：將櫻桃番茄去皮，同時保留蒂頭。在餐盤中為龍蝦脫模，接著鋪上剩餘的龍蝦片、1片用橄欖油增加光澤的生茴香、1片羅勒嫩葉、1顆去皮櫻桃番茄、幾塊櫛瓜丁、一些新鮮杏仁（夏季）、幾根番紅花絲。淋上一些橄欖油，上菜。

等級 3

***

HOMARD AU CACAO ET VIN DE XÉRÈS

雪莉酒可可龍蝦

奧利弗·羅林格 Olivier Roellinger，巴黎斐杭狄導師會議成員。

6人份
準備時間：30分鐘
烹調時間：35分鐘

INGRÉDIENTS 材料

700克的布列塔尼龍蝦（homard breton）3隻
含鹽奶油（beurre salé）200克
阿蒙提拉多雪莉酒（vin de xérès amontillado）150毫升
香草莢½根
胭脂樹種子（graines de rocou）10顆
未經加工處理的檸檬汁1顆
香菜籽1大匙
卡宴紅椒粉（piment de Cayenne）少許
家禽基本高湯（bouillon de volaille）500毫升
可可粉½小匙
水菜（mizuna）或菠菜葉數片

USTENSILES 用具

漏斗型濾器
雙耳深鍋
不沾平底煎鍋

奧利弗·羅林格以其謹慎、才華和謙恭著稱。這位興趣廣泛的布列塔尼主廚很早便將他從旅行中帶回來的香料與海鮮相結合。這些搭配始終都是他料理的特色，而使用的香料，也都能在他位於巴黎經營的食品雜貨店中找到。

龍蝦原汁：以加鹽沸水煮龍蝦5分鐘。將龍蝦頭和身體，以及龍蝦鉗分開。將頭打開，去掉沙囊，然後將頭部敲碎，以含鹽奶油煎炒，加入雪莉酒，將湯汁收乾一半。加入香草、胭脂樹種子、檸檬汁、香菜籽和紅椒粉。用家禽基本高湯淹過。將湯汁收乾1/3，用漏斗型濾器過濾，一邊用湯匙用力按壓，以盡可能擠出最多的原汁。預留備用。

龍蝦的烹煮：將身體和鉗部去殼。用奶油快速翻炒。取出並淋上龍蝦原汁，加入核桃大小的奶油和可可粉，濃縮成非常濃稠的醬汁。

最後完成：在熱的餐盤中擺上龍蝦尾部和龍蝦鉗，淋上如糖漿狀濃稠的原汁。龍蝦肉應保持半透明。加入幾片水菜或菠菜葉。

— *Recette* —

食譜出自

等級 1

*

CARPACCIO DE LANGOUSTINES, FÉVETTES ET ASPERGES, BOURRACHE, CONDIMENT À LA MANGUE ET BETTERAVE

芒果甜菜生海螯蝦片佐小蠶豆、蘆筍和琉璃苣

6人份
準備時間：2小時
烹調時間：30分鐘

INGRÉDIENTS 材料

海螯蝦24隻（2公斤）
小蠶豆500克
細蘆筍（asperge fine）500克
紅甜菜1顆
芒果1顆
蒙頓檸檬（citron de Menton）3顆
橄欖油
大頭蔥（oignons nouveaux）2束
琉璃苣花萼（pousses de bourrache）100克
艾斯伯雷紅椒粉
鹽之花
琉璃苣花1盒

USTENSILES 用具

圓形慕斯圈（Cercle de cuisson）
蔬果榨汁機（Centrifugeuse）
漏斗型濾器
火腿切片機（Machine à jambon）（如有需要）
料理刷（Pinceau de cuisine）
滴管（Pipette）

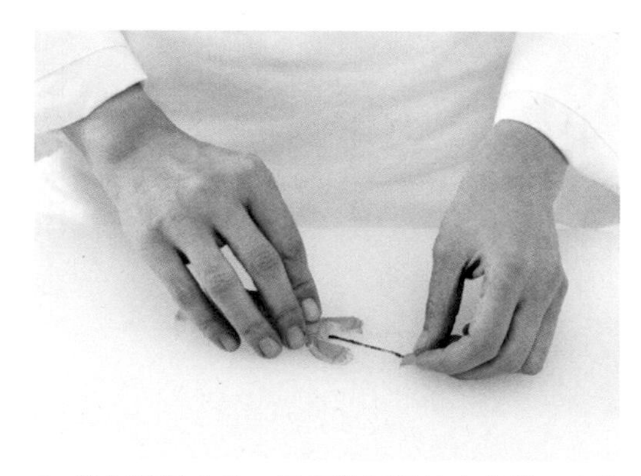

1› 將海螯蝦去殼，輕輕將泥腸拉出身體，並將頭部和身體分開。保存蝦卵。將頭部保留作其他用途。

2› 在圓形慕斯圈中將海螯蝦排成圓柱狀。冷凍。

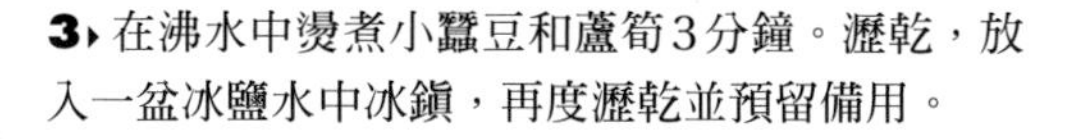

3› 在沸水中燙煮小蠶豆和蘆筍3分鐘。瀝乾，放入一盆冰鹽水中冰鎮，再度瀝乾並預留備用。

4› 將甜菜削皮，放入蔬果榨汁機中榨汁，接著以小火將甜菜汁濃縮至形成糖漿狀的質地。芒果也以同樣步驟進行。預留備用。

5› 製作醃漬醬汁：將檸檬汁和皮、橄欖油、一半的大頭蔥、一點鹽和艾斯伯雷紅椒粉一起打碎。用漏斗型濾器過濾。

6› 製作生海螯蝦片：用火腿切片機（或很鋒利的刀）將凍硬成圓柱狀的生海螯蝦切成厚1.5至2公釐的切片，接著用生海螯蝦片在每個盤中排成圓花狀。

7› 用刷子將醃漬醬汁刷在海螯蝦上。

3› 將另一半大頭蔥的蔥綠部分斜切，用像是油醋醬等醃漬醬汁爲剖半的小蠶豆和蘆筍調味，接著撒在生海螯蝦片上。加入琉璃苣花萼，用滴管在生海螯蝦片周圍滴上幾滴甜菜汁和芒果汁。撒上鹽之花和艾斯伯雷紅椒粉上菜。

等級 2

✻✻

TARTARE DE LANGOUSTINES, FÉVETTES ET ASPERGES SAUVAGES

生海螯蝦佐小蠶豆與野生蘆筍

6人份
準備時間：1小時
烹調時間：1小時30分鐘

INGRÉDIENTS 材料
海螯蝦(langoustine)24隻(2公斤)
紅蔥頭100克
帶梗的酸豆(câpres à queue)1罐
酸黃瓜(cornichon)1罐
細香蔥2小束
香葉芹1小束
蒔蘿1小束
青檸檬3顆
小蠶豆500克
野生蘆筍500克

***carpaccio de betterave* 生甜菜片**
基奧賈甜菜(chioggia)2顆
白醋100克
糖50克
味醂1瓶

***palets de mangue* 芒果凍**
芒果3顆
吉力丁3片

***mayonnaise* 蛋黃醬**
蛋黃2個
芥末醬2小匙
花生油300克
橄欖油100克
醋50克
液狀鮮奶油150克
鹽、卡宴紅椒粉

biscuit éponge wasabi
山葵海綿蛋糕體
山葵醬1條
液狀鮮奶油500克
蛋黃50克
糖25克
麵粉30克

USTENSILES 用具
日式刨切器
蔬果榨汁機(Centrifugeuse)
不同大小的壓模
奶油槍(Siphon)+氣彈2顆

1 › 將海螯蝦去殼，去頭，務必要去掉泥腸，接著將海螯蝦切成小丁（2公釐的丁—見426頁），並保存於陰涼處。

2 › 將紅蔥頭切碎，將酸豆和酸黃瓜切成小丁，將細香蔥、香葉芹和蒔蘿切碎。將青檸檬的果肉取出（去掉皮和白色的中果皮部分—見652頁），接著將果肉一瓣瓣切下。

3 › 蔬菜的準備：用加鹽的沸水燙煮小蠶豆和蘆筍3分鐘。瀝乾，放入冰水中冰鎮，再度瀝乾後預留備用。

4 › 生甜菜片：將甜菜削皮，用日式刨切器切成薄片。

5 › 將白醋、糖和味醂加熱，接著將熱騰騰的液體全部淋在甜菜片上。預留備用。

6 › 芒果凍：將芒果削皮，去掉果核，然後用蔬果榨汁機將芒果榨汁。將獲得的果汁加熱，接著混入預先以冷水軟化的吉力丁片。倒入方形盤達3至4公釐的厚度，包上保鮮膜，保存於陰涼處。

7 › 製作傳統蛋黃醬，蛋黃醬務必要濃稠（見88頁技巧）。攪打鮮奶油，接著混入蛋黃醬中，保存在陰涼處。

8 › 製作山葵蛋糕體：將山葵和鮮奶油混合，然後加熱。

9 › 在這段時間，將蛋黃和糖攪打至泛白，加入麵粉並倒入一半的山葵鮮奶油，一邊攪拌，接著全部倒入平底深鍋中，就如同卡士達奶油醬般（crème pâtissière）以小火一邊加熱，一邊攪拌。在奶油醬變得濃稠時，倒入奶油槍，加進2顆氣彈，接著擠在塑膠杯中。

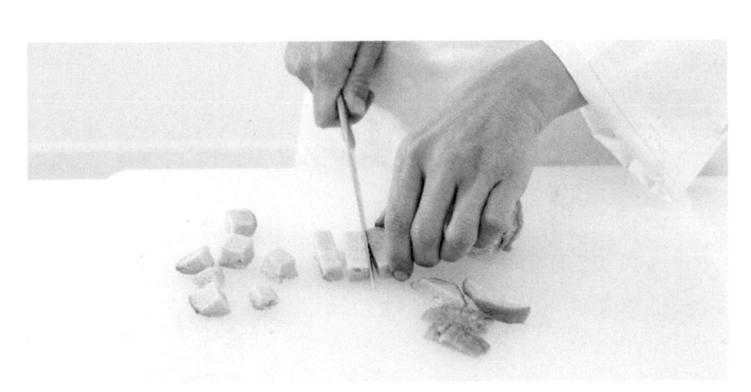

10 › 以中火微波1分30秒。海綿蛋糕體製作完成，將山葵海綿蛋糕體切成方形。

11 › 擺盤：將海螯蝦和步驟2預留的材料混合，加入蛋黃醬，並調味，擺在餐盤中央。將芒果凍切成不同大小的圓。生甜菜片也以同樣方式進行，然後擺在芒果上。將切塊的山葵海綿蛋糕體擺在生海螯蝦片周圍。最後放上青檸檬片、燙好的小蠶豆和野生蘆筍。

等級 3

***

LA LANGOUSTINE PRÉPARÉE EN RAVIOLI SERVI DANS UN BOUILLON D'HUILE D'OLIVE VIERGE AU PARFUM POIVRE ET MENTHE

胡椒薄荷海螯蝦餃佐初榨橄欖油湯

費德烈克・安東Frédéric Anton，巴黎斐杭狄副教授，2007年MOF法國最佳職人。

6人份
準備時間：1小時
靜置時間：1小時
烹調時間：20分鐘

INGRÉDIENTS 材料
海螯蝦6隻(每公斤5-6隻的大小)
新鮮薄荷6片
家禽基本高湯800克
初榨橄欖油(Huile d'olive vierge)

pâte à raviolis 義麵餃麵糊
麵粉240克
鹽4克
豬油(saindoux)20克
水90克

sauce poivre et menthe
胡椒薄荷醬
家禽基本高湯150克
新鮮薄荷葉8片
磨碎的黑胡椒
橄欖油40克
大豆卵磷脂粉(lécithine de soja)1撮

USTENSILES用具
壓麵機(Laminoir à pâte)
壓模
漏斗型網篩
手持式電動攪拌棒

喬埃・侯布雄Joël ROBUCHON的學生，費德烈克・安東就和他的老師一樣，是名偉大的專業技術人員，他的紅白藍領(MOF法國最佳職人)就是證明。精準、嚴厲且有條不紊，他帶著熱情並端出他形容爲－簡單但精鍊的料理。

海螯蝦：剝下海螯蝦身並去殼，用刀尖劃過蝦背，去掉泥腸，然後一隻隻並排形成圓形。在每隻海螯蝦上擺上1片薄荷葉，冷藏保存。

義麵餃皮：將麵粉倒入不鏽鋼盆(cul-de-poule)(或沙拉攪拌盆)中，加入鹽和切成小塊的豬油，接著用指尖揉和成砂粒狀麵團。從上方倒入熱水，揉至形成均勻的麵團，接著第一次放入壓麵機中碾壓至平滑。包上保鮮膜，冷藏靜置1小時。

義麵餃的組裝：將麵團取出碾壓得很薄，形成拉長的帶狀，將海螯蝦間隔3公分地擺在麵皮邊緣，將另一邊的麵皮上向折起，接著用壓模裁切，以形成完美的圓，將義麵餃預留備用。

胡椒薄荷醬：將高湯煮沸，加入薄荷葉和磨碎的胡椒，加以浸泡，接著用手持式電動攪拌棒和橄欖油一起打至乳化。混入大豆卵磷脂粉，用漏斗型網篩過濾，預留備用。

燙煮義麵餃：將家禽基本高湯煮至微滾，加入一些橄欖油，將義麵餃放入煮4分鐘，接著在網架上瀝乾。

擺盤與最後完成：用手持式電動攪拌棒再度將胡椒薄荷醬打至乳化，以形成泡沫慕斯狀。將義麵餃擺入盤中，蓋上乳化的泡沫醬汁，最後再加入些許磨碎的胡椒及薄荷葉。

— *Recette* —

食譜出自

費德烈克·安東 FRÉDÉRIC ANTON, LE PRÉ CATELAN *** (巴黎 PARIS)

等級 1

✻

NOIX DE SAINT-JACQUES, CANNELLONIS DE CÉLERI-RAVE AUX ÉPINARDS ET TRUFFE

義式松露芹菠干貝卷

6人份
準備時間：1小時
靜置時間：1小時
烹調時間：30分鐘

INGRÉDIENTS 材料

干貝18顆
迷迭香（romarin）6枝
橄欖油50克

vinaigrette à la truffe *松露油醋醬*
松露原汁（jus de truffe）50克
雪莉酒醋（vinaigre de xérès）20克
紅酒醋20克
花生油250克
松露碎屑3大匙
胡椒2.2克
鹽4.5克

pâte à tempura *天婦羅麵糊*
麵粉150克
蛋1顆
冰水220克
西洋芹嫩葉18片

garnitures *配菜*
塊根芹1顆
菠菜苗600克
橄欖油
大蒜1瓣
馬斯卡邦乳酪（mascarpone）
120克

USTENSILES 用具
手持式電動攪拌棒
漏斗型濾器
刨切器

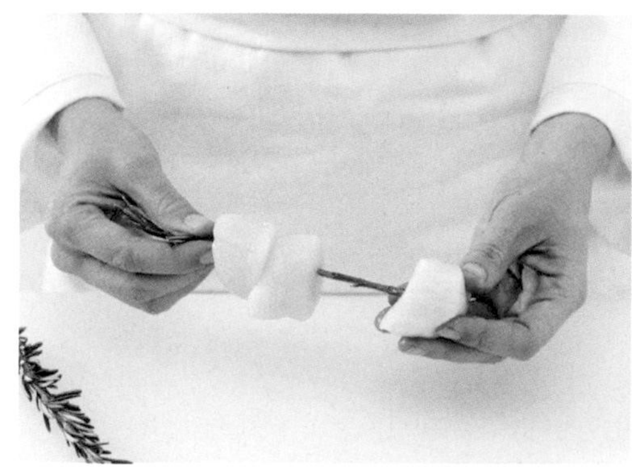

1› 製作6個干貝串：迷迭香僅保留末端的葉片，其餘的葉片摘下。每3顆干貝串在1枝迷迭香上。

2› 干貝串與摘下的迷迭香葉一起在橄欖油中浸漬1小時。

3› 平底煎鍋中混合一些奶油和橄欖油，油煎干貝，注意要讓干貝中心保持半透明。

4› 製作松露油醋醬：用手持式電動攪拌棒混合所有材料。在最後一刻加入松露碎。預留備用。

5› 製作天婦羅麵糊：用打蛋器混合麵粉、220克極冷的水和蛋，用漏斗型濾器過濾，並冷藏靜置至少1小時。

6› 用天婦羅麵糊包覆西洋芹嫩葉，然後放入160℃的油炸鍋中油炸。調味。預留備用。

7› 製作塊根芹菠菜卷：用刨切器（mandoline）將塊根芹切成薄片，蒸熟。放涼後切成邊長12公分的方形薄片。在平底煎鍋中加入一些油和壓碎的蒜瓣，直接將菠菜煮至軟熟。放涼並盡量瀝乾，以免之後出水。將菠菜約略切碎，並拌入馬斯卡邦乳酪稠化。

8› 在塊根芹的方形薄片中填入菠菜餡料，捲成如義大利麵卷（cannellonis）的管狀。在平底煎鍋中以小火加熱，並在上菜時用刷子刷上油來增加光澤。

9› 擺盤：在每個盤子底部以松露油醋醬劃一圈。在一側擺上一串干貝，另一側平行地擺上塊根芹菠菜卷，塊根芹菠菜卷上放油炸的西洋芹嫩葉，再撒上少許的松露碎。

等級 2

✻✻

NOIX DE SAINT-JACQUES, ÉPINARDS, PALETS DE CÉLERI-RAVE ET TRUFFE
松露干貝菠菜卷佐根芹餅

6人份
準備時間：1小時15分鐘
烹調時間：30分鐘

INGRÉDIENTS 材料
新鮮菠菜1公斤
干貝18顆
松露18片
橄欖油100克

***garnitures*配菜**
塊根芹（céleri boule）1顆
魚高湯150克
奶油25克
番紅花（safran）1克
牛乳400克
迷迭香2枝
焦化奶油／榛果奶油（beurre noisette）100克

***fiition* 最後完成**
紫蘇（shizo pourpre）1盒
鹽之花

USTENSILES 用具
日式壓模（Emporte-pièce japonais）
擠花袋與星形擠花嘴（Poche et douille cannelée）

1› 燙煮去掉葉脈的大片菠菜葉，放入冰水冰鎮，接著一片一片地擦乾晾乾。

2› 將干貝橫切成兩半（每人3顆干貝），在中間夾入松露片，接著再重新組合干貝。

3› 將干貝包在菠菜葉中。

4› 攪打剩餘的菠菜和橄欖油，製作菠菜葉綠醬。預留備用。

5› 製作配菜：用壓模將塊根芹裁出半徑同干貝，但厚度爲2倍的圓餅，然後放入混合魚高湯、奶油和番紅花的煎炒鍋中，緊貼覆蓋上裁成煎炒鍋大小的烤盤紙，煮至塊根芹可用刀刺穿。

6› 塊根芹慕斯林醬：在浸泡迷迭香的牛乳中煮切下來剩餘的塊根芹碎屑，將塊根芹瀝乾，接著打碎，再混入榛果奶油。

7› 擺盤：上菜前蒸煮干貝，接著用刷子爲每顆干貝刷上橄欖油增添光澤。在白色盤子上劃出3道菠菜葉綠醬（平行，由下往上，彼此間隔6公分）。在葉綠醬的其中一端擺上干貝、塊根芹餅、干貝。用裝上星形擠花嘴的擠花袋在每塊塊根芹餅上擠一些塊根芹慕斯林醬，加入紫蘇葉，上方再撒上一點鹽之花。

等級 3

✻✻✻

SAINT-JACQUES, PAK CHOÏ, POURPIER ET KATSUOBUSHI, DAÏKON MARINÉ AU SEL, CRÈME DE VOLAILLE

鹽漬鮮蔬干貝佐家禽奶油醬

亞歷山大·布達Alexandre BOURDAS，巴黎斐杭狄副教授。

6人份
準備時間：30分鐘
烹調時間：3分鐘

INGRÉDIENTS 材料
干貝(noix de saint-jacques)18顆

crème de volaille家禽奶油醬
吉力丁片2克(即1片)
家禽基本高湯(見24頁)600克
洋菜2.5克
葡萄籽油(huile de pépins de raisin)70克
白乳酪(fromage blanc)50克
高脂鮮奶油(crème double épaisse)130克

garnitures配菜
青江菜(mini-pak choï)4顆
馬齒莧(pourpier)150克
紅色酢漿草葉(feuilles d' oxalys rouge)幾片
白蘿蔔1根

fiition 最後完成
奶油
柴魚粉8克

USTENSILES用具
奶油槍(＋氣彈2顆)
漏斗型網篩

儘管出身於阿韋龍省(Aveyron)，但亞歷山大·布達很早便對海鮮充滿了熱情。不論是比目魚、鯖魚、沙丁魚，還是干貝，所有海鮮都吸引著他，而且爲他帶來靈感，成爲盤中的主角，並混入他的文化根源：日本和諾曼第，以及阿特拉斯高原(hauts plateaux de l' Atlas)。*

* 阿韋龍省(Aveyron)爲法國南部不靠海的省分，特產是牛、羊肉、乳酪和鵝肝醬。

家禽奶油醬：將吉力丁力浸泡在非常冰涼的水中軟化。將家禽基本高湯煮沸，接著加入洋菜，煮沸一會兒後離火。將吉力丁擰乾，和其餘的材料一起加入高湯中，全部一起混合均勻。用漏斗型網篩過濾，倒入奶油槍，加上2顆氣彈，在每次使用前搖一搖。保溫備用。

製作配菜：將青江菜的葉片剝開，切去根部，挑選並清洗馬齒莧和酢漿草葉。將白蘿蔔削皮，接著用刨切器切成厚1公釐的帶狀，撒上一點鹽，冷藏備用。

料理干貝：爲干貝撒鹽，然後放入預熱至90℃ (熱度1)的烤箱中烘烤3分鐘。

擺盤：將青江菜放入加熱融化的奶油中炒熟。在每個餐盤中擺上幾片白蘿蔔、3顆干貝、幾片青江菜、馬齒莧的葉片和酢漿草葉。以奶油槍擠入泡沫狀的家禽奶油醬。用些許柴魚粉爲整體調味。

— *Recette* —

食譜出自

亞歷山大·布達 **ALEXANDRE BOURDAS,** SaQuaNa ** (翁弗勒 HONFLEUR)

等級 1

✻

RAVIOLIS DE BELONS, GELÉE DE POMME VERTE, CHIPS DE PANCETTA

青蘋凍貝隆牡蠣餃佐義大利培根脆片

6人份
準備時間：45分鐘
靜置時間：1個晚上
（箭葉橙油huile de combawa的部分）
烹調時間：5分鐘

INGRÉDIENTS 材料
義大利培根（pancetta）100克
貝隆牡蠣（huîtres belon）
00尺寸18個
艾斯伯雷紅椒粉

***huile de combawa* 箭葉橙油**
箭葉橙皮1顆
橄欖油60毫升

***gelée de pommes vertes* 青蘋凍**
吉力丁5片
青蘋果500克
黃瓜250克
貝隆牡蠣原汁（eau des belons）
250毫升
蘋果綠食用色素（Colorant vert pomme）
洋菜5克（每公升7克）

***montage* 組裝**
喜馬拉雅玫瑰粗鹽（gros sel rose de l'Himalaya）1公斤
琉璃苣花½盒

USTENSILES 用具
蔬果榨汁機（Centrifugeuse）
Flexipan矽膠模
小型煎炒鍋

1› 箭葉橙油：將箭葉橙削下皮，讓果皮浸泡在油中。靜置一整個晚上。

2› 義大利培根脆片：將義大利培根切成薄片，在烤箱中以100℃（熱度3）烘乾，直到義大利培根變得酥脆。放涼並預留備用。

3› 製作韃靼貝隆牡蠣：用適當的刀，以傳統方式爲牡蠣開殼，或是以100℃蒸1分鐘後開殼，務必要收集所有的原汁。過濾後預留備用（見後續步驟）。將牡蠣肉用箭葉橙油和艾斯伯雷紅椒粉調味。預留備用。

4› 青蘋凍：將吉力丁片放入大量冰涼的水中軟化。將青蘋果和黃瓜放入蔬果榨汁機中榨汁，收集果汁，加入預留的牡蠣原汁、蘋果綠食用色素，摻入洋菜，煮沸數秒。離火，接著混入吉力丁至均勻溶解。將青蘋凍倒入半圓矽膠模中薄薄一層，放入牡蠣肉，再倒入青蘋凍覆蓋牡蠣肉。貝隆牡蠣殼以粗鹽安放在盤子上，殼內倒入1公釐的厚度的青蘋凍，矽膠模與牡蠣殼都冷藏以便凝結。

5› 組裝：在每個殼中放入1顆凝結好的生牡蠣青蘋凍。在盤子或每個碟子中鋪上一層粗鹽，然後擺上3個牡蠣殼。最後放上1朵琉璃苣的花或其他綠色嫩葉及1片義大利培根，撒上一些箭葉橙皮裝飾。

等級 2

✻✻

NATUREL D'HUÎTRES ET DE SAINT-JACQUES

自然風生蠔干貝

6人份
準備時間：40分鐘
烹調時間：30分鐘

INGRÉDIENTS 材料
2號特級生蠔（huîtres spéciales n°2）12個
帶殼干貝（coquilles Saint-Jacques）2.5公斤
榛果油（huile de noisette）20克

garnitures *配菜*
大顆的巴黎蘑菇500克
紅蔥頭50克
奶油50克
白酒50克

mayonnaise *蛋黃醬*
吉力丁（2克）1片
蘋果酒醋10克
蛋黃1個
莫城芥末（moutarde de Meaux）20克
玉米油150克
鹽
胡椒粉

海藻麵包（pain aux algues）1個
琉璃苣花1盒

vinaigrette *油醋醬*
柳橙1顆
葡萄柚（pamplemousse）1顆
植物油（Huile végétale）
鹽
胡椒粉

USTENSILE 用具
直徑8公分的圓形慕斯圈（cercle）6個

1› 將牡蠣蒸1分鐘(100℃)後開殼(見180頁的技巧),用刀取下牡蠣肉切成小塊,然後保存在陰涼處。

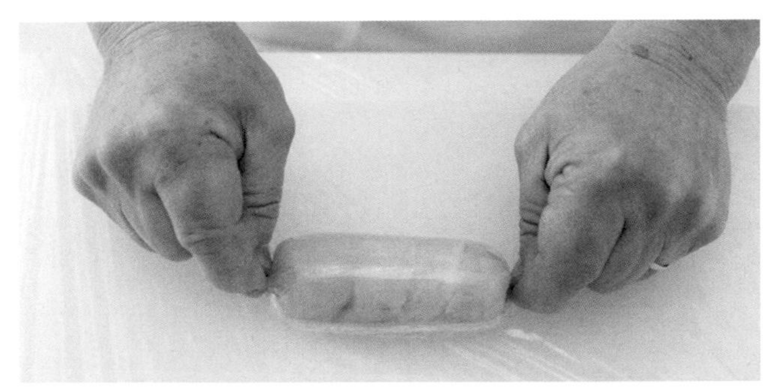

2› 用適當的刀將干貝開殼,取出干貝肉,洗淨後用吸水紙吸乾,將5至6片干貝接連排好以保鮮膜捲起,捲成圓柱狀。將保鮮膜兩端扭緊,冷凍。

3› 配菜:用清水快速清洗蘑菇,立刻用吸水紙吸乾。切成小丁(見426頁),保存在陰涼處。將紅蔥頭切碎(切成小丁—見477頁),接著以融化的奶油與白酒浸漬。

4› 蛋黃醬:在適量冷水中將吉力丁泡軟,接著放入加熱的蘋果酒醋中溶解,然後放涼。以蛋黃、莫城芥末和玉米油製成蛋黃醬,接著混入混合好放涼的吉力丁和醋。預留備用。

5› 油醋醬:用刀取出柑橘水果完整的果肉(去掉皮和白色中果皮部分),接著將果肉一瓣瓣切下取出(見652頁),務必要收集果汁,將果肉切成小丁。接著用柑橘果汁取代醋,製作油醋醬。

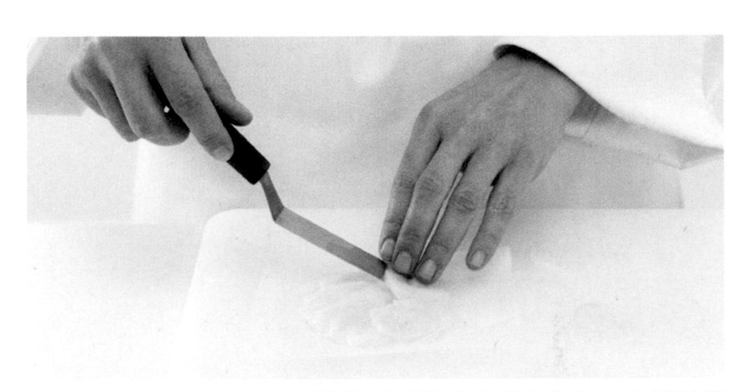

6› 圓花狀生干貝片:將圓柱狀干貝從冷凍庫中取出,去掉保鮮膜,接著用火腿切片機(或刀)切成很薄的薄片,然後再剪成8公分的圓形烤盤紙稍稍重疊的以6片生干貝片排出圓花飾,塗上榛果油,並擺在烤盤上。冷藏保存。

7› 擺盤:用蛋黃醬稠化切碎的牡蠣,將這牡蠣擺在直徑8公分的圓形慕斯圈底部,接著蓋上1個圓花狀生干貝片。淋上一些柑橘油醋醬及柑橘果肉增加光澤。最後再擺上一些新鮮的琉璃苣花和海藻麵包片。

等級 3

✻✻✻

6人份
準備時間：1小時30分鐘
烹調時間：4小時

INGRÉDIENTS 材料

consommé de bœufs 牛肉清湯
牛肩胛肉(paleron)500克
牛腱(gîte)500克
牛尾500克
胡蘿蔔200克
韭蔥200克
西洋芹100克
洋蔥200克
大蒜2瓣
香料束(bouquet garni)1束
吉力丁片
粗鹽
鹽、胡椒粉

la gelée molette de bœufs 牛肉湯凍
吉力丁片

huile de chorizo 西班牙臘腸油
伊比利豬臘腸50克
橄欖油30毫升

bavaroise d'huître
牡蠣巴伐利亞奶凍
吉力丁片1片
液狀鮮奶油100毫升
吉拉多2號牡蠣
(huîtres Gillardeau n°2)6顆
鹽、胡椒粉

melba au lard 培根薄脆麵包
鄉村麵包(pain de campagne)200克
胡椒培根(lard poivré)200克
澄清奶油30克

Finition et dressage 最後完成與擺盤
00000號的貝隆牡蠣12顆
琉璃苣花萼12朵

USTENSILES 用具
漏斗型網篩
手動絞肉機(Hachoir mécanique)
網篩
火腿切片機(Trancheuse à jambon)
5公分的壓模
不鏽鋼管
2公分的壓模

HUÎTRES BELON PIMENTÉES AU CHORIZO, CONSOMMÉ DE BŒUF PRIS ET MELBA AU LARD

西班牙臘腸貝隆牡蠣佐牛肉清湯凍和培根薄脆麵包

雅尼克·亞蘭諾Yannick ALLENO，巴黎斐杭狄副教授。

雅尼克·亞蘭諾樂於重新創作日常的餐點。受到地方食材所啓發的他，總是提供帶有現代氣息的經典菜色。

牛肉清湯：將牛肩胛肉、牛腱和牛尾去掉脂肪，用繩子綁起，將肉擺在鑄鐵平底深鍋(marmite)中，用冷水淹過，加入粗鹽並煮沸。仔細撈去浮沫。在這段時間，將蔬菜削皮並清洗，將胡蘿蔔、韭蔥和西洋芹切成薄片。將洋蔥切半，在鐵板上(或平底煎鍋中)煎成焦糖色。在平底深鍋中加入上述煎成焦糖色的調味蔬菜、大蒜和香料束，以文火燉煮3小時30分鐘至4小時，經常撈去浮沫和油脂。用漏斗型網篩過濾出清湯，接著倒入料理布巾中濾除雜質(保留肉塊作爲其他用途)，接著將原汁收乾一半並調整調味。保留一半的清湯作爲製作牛肉湯凍用(見以下步驟)。將吉力丁片泡在冷水中(份量依獲得的清湯量而定—1公升的液體使用8片的吉力丁)，擰乾後混入熱清湯攪拌至溶解，倒入不鏽鋼盤中達2公釐的厚度，冷藏凝固2小時。凝固後，切成長8公分，寬3公分的長方形。

牛肉湯凍：將吉力丁片泡在冷水中(份量依清湯的量而定—1公升的液體使用6片的吉力丁)，將剛剛保留的另一半清湯加熱，接著混入充分擰乾的吉力丁攪拌至溶解，冷藏凝固以形成略軟的湯凍。

西班牙臘腸油：用絞肉機將西班牙臘腸絞碎，混合橄欖油後全部倒入平底深鍋中，加熱一會兒，以逼出紅色的油，離火後保存在室溫下。

牡蠣巴伐利亞奶凍：將吉力丁片泡在冷水中。用打蛋器將鮮奶油打至全發。將牡蠣去殼，務必要收集殼內的原汁，接著將牡蠣和50毫升的原汁一起攪打。用網篩過濾獲得的肉泥，接著加熱，混入吉力丁，倒入不鏽鋼盆中，放涼，接著加入打發的鮮奶油。調味並冷藏保存。

培根薄脆麵包：將鄉村麵包和培根冷凍20幾分鐘，以方便切割。用火腿切片機將麵包切成厚2公釐的麵包片，接著用壓模切成12個圓。將這些「薄脆麵包片melbas」擺在鋪有烤盤紙，並塗上些許澄清奶油的不鏽鋼管上(讓麵包片呈彎曲狀)，接著放入預熱至180℃(熱度6)的烤箱烤7分鐘。將培根切成極薄的寬帶狀，接著用壓模裁成12個圓，然後擺在乾燥的薄脆麵包上。

最後完成與擺盤：爲貝隆牡蠣去殼。用西班牙臘腸油爲牡蠣增加光澤。每盤擺上2條並排的牛肉清湯，接著用直徑2公分的小壓模壓出牡蠣巴伐利亞奶凍，放在清湯上。旁邊再放塗了臘腸油的貝隆牡蠣。最後一刻再將培根薄脆麵包片擺在烤箱的烤架上烤幾秒，放在餐盤上，加上琉璃苣花萼，並搭配裝在醬汁杯(saucière)中的牛肉湯凍上菜。

等級 1

✻

6人份
準備時間：1小時30分鐘
烹調時間：1小時

INGRÉDIENTS 材料
竹蟶18個

nage甲殼蔬菜煮汁
胡蘿蔔1根
洋蔥1顆
香料束（bouquet garni）1束
白酒

légumes et la gelée de concombre
蔬菜和黃瓜凍
迷你胡蘿蔔8根
胡蘿蔔1根
白蘿蔔1根
迷你甜菜4顆
黑皮蘿蔔2根
黃瓜2條
洋菜2克
吉力丁1片
鹽

marinade醃漬醬汁
味醂½瓶
卡宴紅椒粉
白醋10克
鹽

mayonnaise蛋黃醬
蛋黃2個
芥末醬1大匙
油200克
味噌（miso）1小匙

décoration裝飾用
蒔蘿1小束
琉璃苣1小束
可食用旱金蓮（capucines comestibles）1小束
茉莉花1小束

USTENSILES用具
刨切器
直徑3公分的壓模
蔬果榨汁機（Centrifugeuse）
漏斗型濾器
方形矽膠模（Moules en silicone rectangulaires）

COUTEAUX MARINIÈRE, PETITS LÉGUMES MARINÉS, GELÉE DE CONCOMBRE

酒蔥煨竹蟶佐醃漬迷你蔬菜和黃瓜凍

1› 竹蟶的烹煮：清洗竹蟶數次。製作甲殼蔬菜煮汁：將胡蘿蔔和洋蔥切成小丁，和香料束一起放入雙耳深鍋中，用白酒淹過，煮沸，這時加入竹蟶。一開殼就將竹蟶取出，放涼，去掉黑色部分和一片殼，讓竹蟶肉留在另一片殼中。保存於陰涼處。

2› 蔬菜的準備：用水果刀爲迷你胡蘿蔔削皮，並削成鉛筆狀，接著放入加鹽的沸水中燙煮1分鐘。

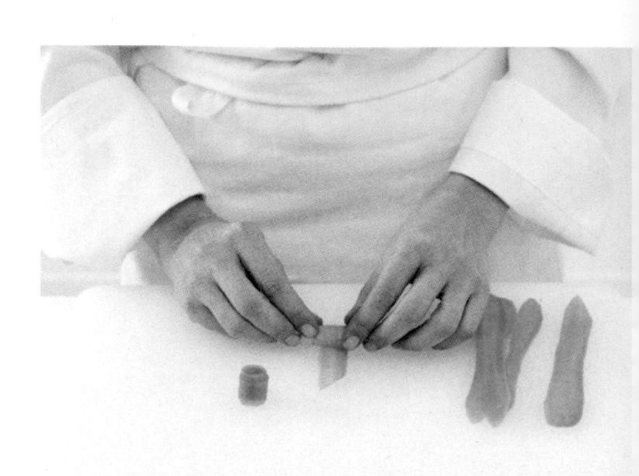

3› 將胡蘿蔔削皮，用日式刨切器縱向刨成薄片，接著將薄片捲起。

4› 將白蘿蔔和迷你甜菜削皮刨成薄片，接著用壓模將白蘿蔔和甜菜壓成圓片狀。

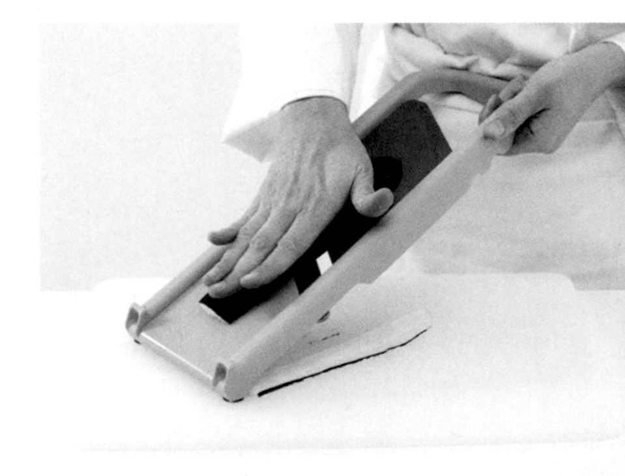

5› 最後用日式刨切器將黑皮蘿蔔切成薄片，然後捲起（與胡蘿蔔相同）。

6› 醃漬醬汁：將味醂稍微加熱，加入一點鹽和卡宴紅椒粉，以及1大匙的白醋（可依個人喜好的酸度增減），接著將這醃漬醬汁淋在蔬菜上。保存在陰涼處45分鐘。

7› 黃瓜凍：將黃瓜約略切大塊，用細鹽醃漬數分鐘以排水，接著再沖洗。

8› 以蔬果榨汁機榨黃瓜汁，接著以漏斗型濾器過濾黃瓜汁，再煮至微滾，加入洋菜，微滾幾分鐘，關火，然後加入預先放入冰水中軟化的吉力丁片，攪拌至溶解。再以漏斗型濾器過濾，並將黃瓜凍倒入長方形模型中，保存在陰涼處。

9› 蛋黃醬：製作經典的蛋黃醬，接著加入味噌拌勻。

10› 擺盤：將矩形的黃瓜凍脫模，然後擺在圓盤上。將蔬菜擺在矩形凍周圍，讓顏色和形狀顯得和諧。在另一邊放上一些蛋黃醬。爲竹蟶淋上些許甲殼蔬菜煮汁，用烤箱烤至微溫，接著擺在餐盤上。最後在蔬菜邊加入幾株蒔蘿、琉璃苣的花和茉莉花。

等級 2

✻✻

6人份
準備時間：1小時30分鐘
烹調時間：1小時

COUTEAUX ET CRÈME LÉGÈRE D'OURSIN, LÉGUMES MARINÉS, ÉCUME D'OURSIN

竹蟶與海膽輕奶油醬佐醃蔬菜和海膽泡沫醬汁

INGRÉDIENTS 材料

竹蟶（couteaux）18個
布列塔尼海膽（oursins bretons）6個

***nage* 甲殼蔬菜煮汁**

胡蘿蔔1根
洋蔥1顆
香料束1束
白酒

***emulsion* 乳化醬汁**

牛乳100克
鮮奶油100克
卵磷脂粉（lécithine）1小匙

***crème d'oursins* 海膽鮮奶油**

鮮奶油200克
檸檬汁
卡宴紅椒粉
鹽

***légumes et la gelée de concombre* 蔬菜與黃瓜凍**

迷你胡蘿蔔（mini-carottes）12根
胡蘿蔔1根
白蘿蔔（navet long）1根
迷你甜菜（mini-betteraves）4顆
黑皮蘿蔔（radis noirs）2顆
鹽
黃瓜2根
洋菜2克
吉力丁1片

***marinade* 醃漬醬汁**

味醂½瓶
卡宴紅椒粉
白醋10克

***décoration* 裝飾用**

琉璃苣花1小束

USTENSILES 用具

手持式電動攪拌棒－果汁機漏斗型濾器
奶油槍＋氣彈2顆
日式刨切器
直徑5公分的壓模
蔬果榨汁機
方形矽膠模

1› 竹蟶的烹煮：在幾盆水中清洗竹蟶，接著製作甲殼蔬菜煮汁：將胡蘿蔔和洋蔥切成小丁，和香料束一起放入雙耳深鍋中，用白酒淹過，煮沸後加入竹蟶。在殼正好打開時將竹蟶撈出，放涼，接著去掉一片殼，讓竹蟶的肉留在另一片殼中。保存在陰涼處。

2› 海膽的準備：用剪刀將海膽剪開，取出舌狀物和生殖腺，收集原汁，接著將殼洗淨並保留。

3› 乳化醬汁：將海膽原汁加熱，加入牛乳、鮮奶油和卵磷脂粉，用手持式電動攪拌棒打至乳化，預留備用。

4› 製作海膽鮮奶油：在果汁機中攪打一半的海膽和液狀鮮奶油、增加些微酸度的一些檸檬汁（份量依您個人的口味而定），1撮鹽和卡宴紅椒粉，接著以漏斗型濾器過濾。

5› 將海膽鮮奶油倒入奶油槍，裝上2顆氣彈，搖一搖後保存於陰涼處。

6› 蔬菜的準備：用水果刀為迷你胡蘿蔔削皮，並削成鉛筆狀，接著放入加鹽的沸水中燙煮1分鐘。將胡蘿蔔削皮，用日式刨切器刨成薄片，接著將薄片捲起。將白蘿蔔和迷你甜菜削皮刨成薄片，接著用壓模將白蘿蔔和甜菜壓成圓形薄片。用日式刨切器將黑皮蘿蔔切成薄片，然後捲起。

7› 醃漬醬汁：將味醂稍微加熱，加入一點鹽和卡宴紅椒粉，以及1大匙的白醋（可依個人喜好的酸度增減），接著將這醃漬醬汁淋在蔬菜上。保存在陰涼處45分鐘。

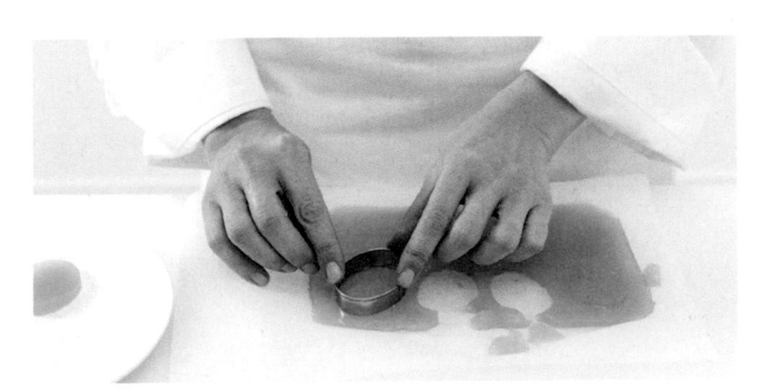

8› 黃瓜凍：將黃瓜約略切大塊，用細鹽醃漬數分鐘以排水，接著再沖洗。以蔬果榨汁機榨黃瓜汁，接著以漏斗型濾器過濾黃瓜汁，再煮至微滾，加入洋菜，微滾幾分鐘，關火，然後加入預先放入冰水中軟化的吉力丁片，攪拌至溶解。再以漏斗型濾器過濾，並將黃瓜凍倒入模型中，保存在陰涼處。在黃瓜凍凝固時脫模，然後用壓模切成橢圓形。

9› 擺盤：將成黃瓜凍分裝至餐盤中。將蔬菜擺在黃瓜凍周圍，並注意顏色和形狀的和諧。為海膽殼擠滿海膽鮮奶油，然後擺上海膽。在一旁加入竹蟶並淋上海膽的乳化醬汁。最後擺上琉璃苣花裝飾。

等級 3

✻✻✻

6人份
準備時間：1小時15分鐘
烹調時間：1小時

INGRÉDIENTS 材料
活鳥蛤(coque vivante)12顆
活文蛤6顆
活蛤蜊6顆
活北極貝8個
(也可替換成其他貝類或蝦)

***huile de combawa* 箭葉橙油**
箭葉橙2顆
橄欖油100毫升

***bouillon d'étrilles* 梭子蟹高湯**
洋蔥2顆
胡蘿蔔2根
韭蔥1棵
球莖茴香1小顆
大蒜2瓣
梭子蟹2公斤
橄欖油

***gelée d'étrilles* 梭子蟹湯凍**
吉力丁1克(即½片)
梭子蟹高湯375克
橄欖油
鹽、胡椒

***crème de navets et noix de coco* 蕪菁椰香醬**
蕪菁500克
椰漿(lait de noix de coco)1公升

***garnitures* 配菜**
嫩胡蘿蔔4根
嫩韭蔥2棵
紅甜椒1顆
花椰菜¼顆
嫩蕪菁1顆
粗鹽150克
檸檬汁
鹽、胡椒

***fiition* 最後完成**
香菜4枝
薄荷葉6片

USTENSILES 用具
手持式電動攪拌棒

COQUILLAGES ET CRUSTACÉS
海貝與甲殼總匯

亞歷山大・庫隆Alexandre Couillon，巴黎斐杭狄副教授。

22歲就和配偶一起投入家族事業的亞歷山大・庫隆，因大量的努力、好奇心和好勝心而建立了成功的事業。他喜愛推廣並烹煮在地的食材、鄰近地區叫賣的海鮮，並在他的餐桌上推出新鮮且具有創意的菜色。

箭葉橙油：前一天，用水果刀取下箭葉橙的皮。將油加熱至60℃，離火，接著讓果皮浸泡在油中12小時。將具有箭葉橙香氣的油過濾，然後裝入小瓶子或小的廣口瓶中。

梭子蟹高湯：將洋蔥和胡蘿蔔去皮，接著將所有蔬菜切成骰子塊(見432頁)。將梭子蟹切大塊，用橄欖油翻炒，接著加入調味蔬菜，炒一會兒至出汁，並加入2公升的水。以小火燉煮約30分鐘。過濾高湯，若您希望味道更濃郁，可將高湯濃縮。

梭子蟹湯凍：將吉力丁放入非常冰涼的水中泡軟，接著按壓，盡可能擠出水分。將375克的梭子蟹高湯煮至微滾，接著加入吉力丁攪拌至溶解，調整調味並預留備用。

蕪菁椰香醬：清洗蕪菁並去皮，切成薄片，接著燙煮。瀝乾後，和椰漿一起以小火煮15分鐘，打碎，調整調味並放涼。

製作配菜：將所有蔬菜去皮並切成薄片，接著以粗鹽醃漬排水約10分鐘。清洗乾淨後冷藏保存。

烹煮海鮮：在海水(或加入大量鹽的水，60克/公升)中爲貝類開殼，瀝乾後去殼，冷藏保存。將蝦子去殼，接著在55℃的蒸烤箱(four vapeur)中低溫烹調1分鐘(或在蒸煮鍋cuiseur vapeur中蒸1分鐘，或是在加鹽微滾的水中水煮數秒)。

擺盤與最後完成：上菜時，將香菜和薄荷切碎，用橄欖油、鹽、胡椒、檸檬汁爲配菜的蔬菜進行調味(右頁照片是以迷你蔬菜擺盤)。在每個盤中倒入蕪菁椰香醬，加入一些貝類、蝦子，接著是配菜。用手持式電動攪拌棒將梭子蟹湯凍打至乳化的泡沫狀，接著輕輕地倒入盤中，加入一些切碎的香菜和薄荷，最後再滴上幾滴箭葉橙油。

等級 1

*

RISOTTO DE MOULES ET CALAMARS

義式淡菜魷魚燉飯

6人份
準備時間：2小時
烹調時間：1小時

INGRÉDIENTS 材料

***garnitures*配菜**

養殖淡菜（moules de bouchot）1.5公斤
紅蔥頭100克
平葉巴西利¼小束
白酒300毫升
未經加工的魷魚（calamar brut）1.5公斤
櫛瓜400克

***la tuile de parmesan* 帕馬森乳酪瓦片**

現刨帕馬森乳酪絲100克

***risotto*燉飯**

橄欖油50毫升
洋蔥100克
去骨、去雜質的牛骨髓（moelle de bœufs désossée et dégorgée）100克
阿柏里歐圓米（riz rond arborio）200克
白酒100毫升
魚高湯（見26頁）或家禽基本高湯（見24頁）2公升
現刨帕馬森乳酪絲90克
分成小塊的奶油70克

***fiition* 最後完成**

濃縮淡菜汁（Le jus de moules réduit）
分成小塊的奶油40克
橄欖油
艾斯伯雷紅椒粉

USTENSILES 用具

煎炒鍋
平底煎鍋

1› 淡菜的處理：去掉淡菜的足絲（用來附著的絲），如有必要可用刮除的，加以清洗。將紅蔥頭和平葉巴西利切碎。用酒蔥煨法（將洋蔥和紅蔥頭炒至出汁，再加入白酒—見198頁）讓淡菜開殼，接著去殼，修整淡菜肉並收集湯汁。將湯汁另外保存，作爲最後完成用。

2› 魷魚的處理：去掉口器，修整（去掉）頭部的觸手，將魷魚身體的內臟掏空，去掉薄膜和外鰭，接著將魷魚肉切成細條狀，將觸手切碎（見194頁的技巧）。預留作爲最後完成用。

3› 櫛瓜的處理：將櫛瓜對剖，保留皮的部分，但將中間挖空，再切成小丁。接著以大火進行英式anglaise（加鹽沸水）燙煮。以清水冰鎮，瀝乾後預留作爲最後完成用。

4› 帕馬森乳酪瓦片：在熱好的不沾平底煎鍋中撒上新鮮現刨的帕馬森乳酪絲，加熱至乳酪絲融化並略略上色。將平底煎鍋離火，等待溫度下降，讓瓦片冷卻，用刮刀鏟起，擺在吸水紙上保存。

5› 烹調米：將洋蔥切碎（切成小丁），將清理乾淨的骨髓切成小丁。在煎炒鍋中用橄欖油將骨髓丁炒至融化，加入洋蔥，炒至出汁但不要上色，接著加入米。將米炒至半透明（nacrer），接著均匀地淋上白酒煮沸。

6› 將湯汁收乾，然後分幾次倒入熱的魚高湯（或家禽基本高湯）。煮18至20分鐘。

7› 當米煮熟時，加入新鮮的帕馬森乳酪絲和非常冰涼的小塊奶油來停止加熱。享用前再加入櫛瓜丁以及處理好的淡菜。

8› 最後完成和擺盤：將預留的濃縮淡菜湯汁加熱，用分成小塊的奶油加以乳化。如有需要可調整一下味道。在平底煎鍋中用橄欖油快炒魷魚，用鹽之花和艾斯伯雷紅椒粉調味。將燉飯擺在大型湯盤中，撒上炒好的魷魚，淋上乳化的淡菜汁，最後在每個盤子裡擺上1片帕馬森乳酪瓦片。

等級 2

✻✻

6人份
準備時間：2小時40分鐘
烹調時間：18至20分鐘

RISOTTO À L'ENCRE DE SEICHE, COQUES, SEICHE ET GAMBAS
義式墨魚燉飯佐鳥蛤、墨魚和明蝦

INGRÉDIENTS 材料

risotto燉飯
橄欖油50毫升
洋蔥100克
去骨、去雜質的牛骨髓（moelle de bœufs désossée et dégorgée）100克
阿柏里歐圓米（riz rond arborio）200克
白酒300毫升
家禽基本高湯或魚高湯（見24頁或26頁）1.5公升
墨魚汁（encre de seiche）6包（每包20克）
現刨帕馬森乳酪絲90克
分成小塊的奶油70克

garnitures配菜
鳥蛤1.5公斤
生明蝦500克
墨魚肉（gras de seiche）300克
黃櫛瓜（courgette jaune）400克
舌型椒（piquillos）200克
橄欖油100毫升
淡菜500克
紅蔥頭90克
平葉巴西利¼小束
白酒300毫升

fleurs de courgette frites 油炸櫛瓜花
天婦羅粉（pâte à tempura）½包
紫羅勒葉6片
油炸用油（Huile de friture）

tubes de parmesan帕馬森乳酪管
現刨帕馬森乳酪絲100克

beurre de crevettes et coquillages 明蝦貝類奶油醬汁
濃縮明蝦原汁（Jus de gambas réduit）
貝類原汁（Jus de coquillages）
冰奶油（beurre frais）120克
蒙頓檸檬（citron de Menton）1顆

USTENSILES用具
不鏽鋼管（Tube Inox）
microplane刨刀1把

1› 前一天：讓鳥蛤在鹽水中吐沙，冷藏。

2› 製作配菜：將明蝦去殼，並用蝦頭製作高湯（見28頁的技巧）。去掉墨魚肉的皮，切成細條狀，淋上一些橄欖油後預留備用。保留櫛瓜的皮，但將中央挖空，將櫛瓜切成三角形的小丁，接著以大火進行英式燙煮anglaise（加鹽沸水）。用清水冰鎮，瀝乾，預留作爲最後完成用。將舌型椒切成小條，加入1大匙的橄欖油，預留作爲最後完成用。去掉淡菜的足絲（用於附著的絲），如有必要可用刮除的，接著清洗。將紅蔥頭和平葉巴西利切碎，接著以平底煎鍋加橄欖油炒至出汁，再加入白酒煮。讓瀝乾的淡菜和鳥蛤分別以酒蔥煨法（marinière）煮至開殼，接著將貝類去殼，過濾湯汁，保存在一旁待最後完成用。

3› 依包裝說明，製作天婦羅麵糊。將櫛瓜花打開，平放，去掉花蕊，用刷子刷上天婦羅麵糊，接著浸入170℃的油炸鍋中。炸至金黃，瀝乾後擺在吸水紙上保存。上菜前再調味。

4› 製作帕馬森乳酪管：在不沾平底煎鍋上撒上新鮮現刨的帕馬森乳酪絲。

5› 加熱至乳酪絲融化並微微上色。將平底煎鍋離火，等瓦片稍微降溫，捲在不鏽鋼管上。放至完全冷卻後將鋼管移除。擺在吸水紙上保存。

6› 明蝦貝類奶油醬汁：倒入所有的原汁，如有必要可加以濃縮，用奶油攪打（用打蛋器混入奶油至乳化）。

7› 最後用microplane刨刀刨下檸檬皮。

8› 燉飯：將洋蔥切碎（切成小丁）。將清理乾淨的骨髓切成小丁。在煎炒鍋中用橄欖油將骨髓丁炒至融化，加入洋蔥，炒至出汁但不要上色，接著加米，並炒至半透明。接著倒入白酒，煮至湯汁收乾，再分數次加入熱的家禽基本高湯。計算18至20分鐘的烹煮時間。

9› 在米煮熟時加入墨魚汁、現刨的帕馬森乳酪絲和非常冰涼的小塊奶油。接著加入預先以一些明蝦貝類奶油醬汁加熱的配菜（配菜見步驟2）。最後，以一些橄欖油快炒墨魚條。

10› 擺盤：放入湯盤，擺上一些明蝦貝類奶油醬汁墨魚條、明蝦、淡菜和鳥蛤，以及櫛瓜。最後插上油炸櫛瓜花，並加上帕馬森乳酪管。

等級 3

✻✻✻

ENCORNETS GRILLÉS, CÂPRES, OLIVES, MIZUNA

槍烏賊佐酸豆、橄欖、水菜

威廉·勒德William LEDEUIL，巴黎斐杭狄校友。

6人份
準備時間：20分鐘
烹調時間：4至6分鐘

INGRÉDIENTS 材料
槍烏賊（encornet）12隻
鹽之花

condiment pomme verte-agrumes
青蘋柑橘調味
新鮮生薑1塊
檸檬草1根
青蘋果2顆
柳橙1顆
檸檬2顆
橄欖油6大匙

garnitures配菜
水菜（mizuna）1把
（日本芝麻菜）
橄欖油3大匙
帶梗的酸豆（câpres à queue）18顆
塔賈司吉油浸黑橄欖（olives noires taggiasche）18顆
鹽之花少許

USTENSILE用具
蔬果榨汁機

威廉·勒德在他的餐廳裡供應偏亞洲風味的料理，他喜愛檸檬草和高良薑細緻的香氣，菜餚色彩鮮豔，而且神奇地融合了當地的食材和亞洲的風味。這些菜色都具有清爽的味道，在他的餐廳裡，用餐永遠都像是一場旅程。

青蘋柑橘調味：將薑削皮並切成薄片。檸檬草切成薄片。青蘋果切塊，和薑、檸檬草一起放入蔬果榨汁機中，收集果汁。將柳橙和檸檬榨汁，加入先前的果汁，接著和橄欖油一起攪打，預留備用。

槍烏賊的處理：將槍烏賊沖洗乾淨，仔細擦乾，接著在兩面輕輕劃出規則的切口，小心不要切斷（見96頁的步驟技巧）。

最後完成：用些許鹽之花和1大匙的橄欖油爲水菜葉調味。在不沾平底煎鍋中加熱剩餘的橄欖油，將槍烏賊每面煎約2至3分鐘至上色，槍烏賊必須呈現漂亮的金黃色，而且仍保持軟嫩（注意，過度烹煮會使肉質變得堅韌）。

擺盤：每盤擺上2隻槍烏賊，撒上切片酸豆和橄欖，擺上幾片水菜葉，最後再淋上青蘋柑橘調味。

LES VIANDES, VOLAILLES ET GIBIERS

肉類、家禽與野味

Les viandes
肉類

肉的選擇是菜色成功的首要重點。您的肉販就是您最好的盟友。這位專業人士將爲您提供建議，指導您選擇和購買。和他建立信賴的關係讓您不會受騙，而且能夠安心選購。

Conservation des viandes 肉的保存

爲了能夠理想地保存肉類，請勿將肉類留在原包裝中。請用吸水紙拭乾，接著以潔淨而且不會起綿絮的布巾（最好不要加衣物柔軟精進行清洗）包起。依肉塊的大小而定，擺入小盤或大盤中。讓肉通風是很重要的。

您也可以將肉塊擺在日本人用來捲壽司的竹簾（tapis en bambou）上。小肉塊請使用網架。

LE BŒUF 牛

有人聲稱今日的牛隻是原牛（auroch）一史前時代被我們祖先所驅趕的動物一的後代，但也有人認爲牠們原產自亞洲。唯一可以肯定的是，牠們存在於中國已超過四十世紀。牛隻的馴化出現在七千多年前的馬其頓（Macédoine）、克里特（Crête）和小亞細亞（Anatolie）。希臘人、羅馬人和高盧人這些肉食的狂熱分子接著飼養牠們。

L'appellation 名稱

「牛 bœuf」的名稱意指包含一生中不同時期的數種牛族動物。這個種類由小公牛（taurillon）、小母牛（génisse）、改良乳牛（vache）（以前的奶牛laitière），或去勢公牛（bœufs）（在30個月至4歲大之間去勢的公牛）所構成。

Le choix 選擇

Comment bien choisir une viande 如何挑選肉類？

您的絕佳王牌當然就是您的眼睛。購買時請信任自己的眼光。不論選擇什麼樣的部位，都必須是讓您會想要購買的肉塊。肉的整體必須結實，而且具有一定的光澤。油花的外觀也是品質的保證。

在可追溯性方面，肉類或包裝條件的說明標籤爲您提供一定程度的必要資訊。您可以在上面找到動物的來源、屠宰地點、品種、性別和品質標準（改良乳牛一名副其實一或肉牛，爲了屠宰品質所飼養）。AOP（Appellation d'origine protégée歐洲原產地命名保護）、IGP（Indication Géographique Protégée受保護的地理標識）和紅標（Label Rouge）都是值得信賴的額外品質保證。

購買時，請選擇略帶油花並呈現深紅色的肉。「油花」的外觀對應的是肉的肌肉間脂肪，是讓肉變得軟嫩美味的重要條件。若談到「大理石花紋marbré」，就是指更密集的網狀脂肪。

接下來，請相信自己的眼光，會讓您想要購買的肉塊一定能讓您心滿意足。就牛肉而言，肉必須是鮮紅色並帶有光澤，具有淡淡的香味，以及白色或略略偏黃的脂肪。暗沉的肉是年長動物的特質。

Conseils des chefs
主廚建議

請仔細挑選您的肉販，專業人士能夠精選他的商品，
對肉進行熟成，在肉到達完美的熟度時
爲您提供最優質的肉塊。
他也會爲您提供烹調的良好建議，並教您如何挑選。
請勿將牛肉冷凍，至少第一類的肉塊不要。
最好趁新鮮食用，才能眞正領略其中的美味。

* 法國的牛肉約略分爲三類：第一類爲肉質較軟嫩，適合快炒的肉塊，二、三類則是較堅韌，適合慢燉的肉塊。

Les cuissons 烹煮

活動量少的肌肉所需的烹煮時間短；相對而言，活動量大，而且富含膠原蛋白的肌肉則需要長時間的烹煮。

Morceau **部位**	***Modes de préparation*** **烹調方式**
Le tende de tranche 後腰脊肉	烤牛肉
La tranche grasse 後腹肉	烘烤, 燒烤, 嫩煎
Le rumsteck 牛腿排	牛排、火鍋和串燒
Le faux-filet 上腰肉	烘烤、燒烤
Le filet 里脊肉	烘烤、燒烤、嫩煎
L'entrecôte ou basse côte 肋眼或肩胛肉	嫩煎、燒烤
La côte 肋排	嫩煎、燒烤或烘烤
La bavette 牛腰腹肉	燒烤、嫩煎
La bavette de flanchet 前腰脊肉	水煮
Le gîte noix 牛腿肉	燒烤、烘烤
Le rond de gîte 後腿肉	燒烤
Le nerveux de gîte 腱子心	燒烤、嫩煎
L 'aiguillette baronne 前臀肉	煨
Le jumeau à steak k 肩胛小排	燒烤、烘烤、嫩煎

Morceau **部位**	***Modes de préparation*** **烹調方式**
Le jumeau à pot-au-feu 牛胸肉	煨、水煮
Le paleron 牛肩肉	煨、水煮
La macreuse à steak 牛肩胛肉	煨
La macreuse à pot-au-feu 前腿瘦肉	煨、水煮
Le plat de côtes 牛小排	水煮
Le flanchet 牛腩	煨、水煮
La veine 頸肉	煨或水煮
Le gîte-gîte ou jarret 腿肉或稱脛肉	煨、水煮
L'araignée 嫩牛腿肉	燒烤、嫩煎
La poire 後腰脊肉	燒烤、嫩煎
Le merlan 後腰脊肉	燒烤、嫩煎
La hampe 靠近大腿內側的腹部肉	燒烤、嫩煎
L'onglet 膈柱肌肉	燒烤、嫩煎

1- ROND DE GÎTE 後腿肉
2- TENDE TRANCHE 後腰脊肉
3- GÎTE À LA NOIX 牛腿肉
4- AIGUILLETTE 前臀肉 **BARONNE**
5- TRANCHE GRASSE 後腹肉 **ROND DE TRANCHE**
6- FILET 里脊肉
7- BAVETTE 牛腰腹肉
8- ONGLET 膈柱肌肉
9- HAMPE 靠近大腿內側的腹部肉

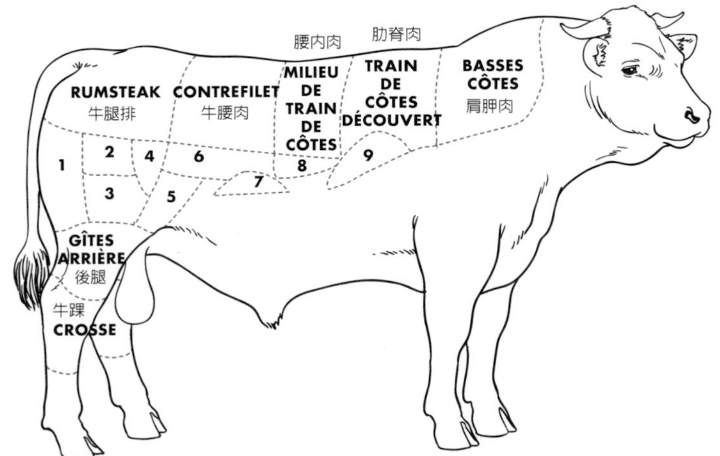

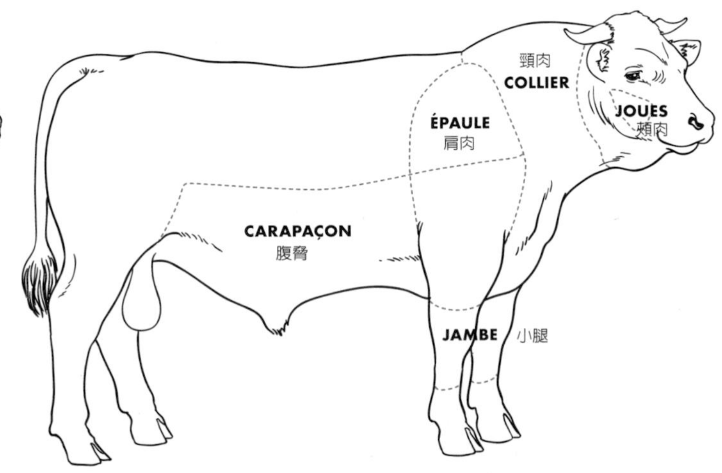

LE VEAU 小牛

小牛指的就是小乳牛，牠從出生到斷奶便一直採用這樣的名稱。通常在出生一百多天，重量達110-130公斤時就會進行屠宰。

「哺乳小牛veau de lait」的名稱，指的是只以母牛的牛乳所餵養的小牛。這樣的小牛肉質最爲細嫩。在草地上放養的小牛則被稱爲「broutard」。小牛的肉呈現淡粉紅色，並帶有珍珠光澤。白色的脂肪如絲緞般潔白光亮，大量聚集在腎臟周圍。

Les cuissons 烹調

烹調的時間和方式依選擇的部位而定。

Morceau 部位	***Modes de préparation*** 烹調方式
Collier 頸肉	煨或烘烤
Côte découverte 前肋排, *côte seconde* 第二肋排, *côte première* 第一肋排	燒烤、油炒、烘烤
Filet 腰脊肉, *longe* 上後腰脊肉, *côte filet* 大里脊	油炒或烘烤
Quasi 臀肉	烘烤
Noix, sous-noix 後腿肉	燒烤、烘烤、油炒
Flanchet 腹肉	煨
Tendron 五花肉/胸腹肉	煨或油炒
Poitrine 胸肉	煨
Épaule 肩肉	油炒、燒烤、烘烤
Jarret 小腿腱子肉	水煮、煨

L'AGNEAU 羔羊

法國存有30多種羊科動物，並再細分爲肉羊、毛用羊和乳羊（拉札克Larzac和庇里牛斯山Pyrénée地區）。羔羊經常以飼養地區或標籤來命名。

會一直稱爲羔羊至40天大，然後就會由家禽商進行販售。接下來70至150天的羊被稱爲白羊（blanc 或 laiton），6至9個月的稱爲灰羊（gris 或 broutard）。9個月後的羊就是mouton。

羔羊肉由肌肉間脂肪組成，是所有羊肉中油脂最高的。它的氣味也別具特色。

Le choix 選擇

以法國的羔羊（如庇里牛斯山、波雅克Pauillac、西斯特龍Sisteron，或聖米歇爾山Mont-Saint-Michel的布蕾莎pré-salé、塞納海灣baie de Seine等地區）爲優先，其肉質較不紅，氣味淡，並具有豐富的油脂。

羔羊會在復活節時期食用，因爲這時的羔羊肉已經熟成。

Conseils des chefs

主廚建議

去除羊皮(表面的硬皮)後，請保留足夠的脂肪來烹煮肉塊。百里香、大蒜和月桂葉很適合用來烹煮羊肉。

爲了讓肉更軟嫩芳香，主廚建議您爲肉塊抹上少許橄欖油，並加上些許迷迭香或整枝的百里香。

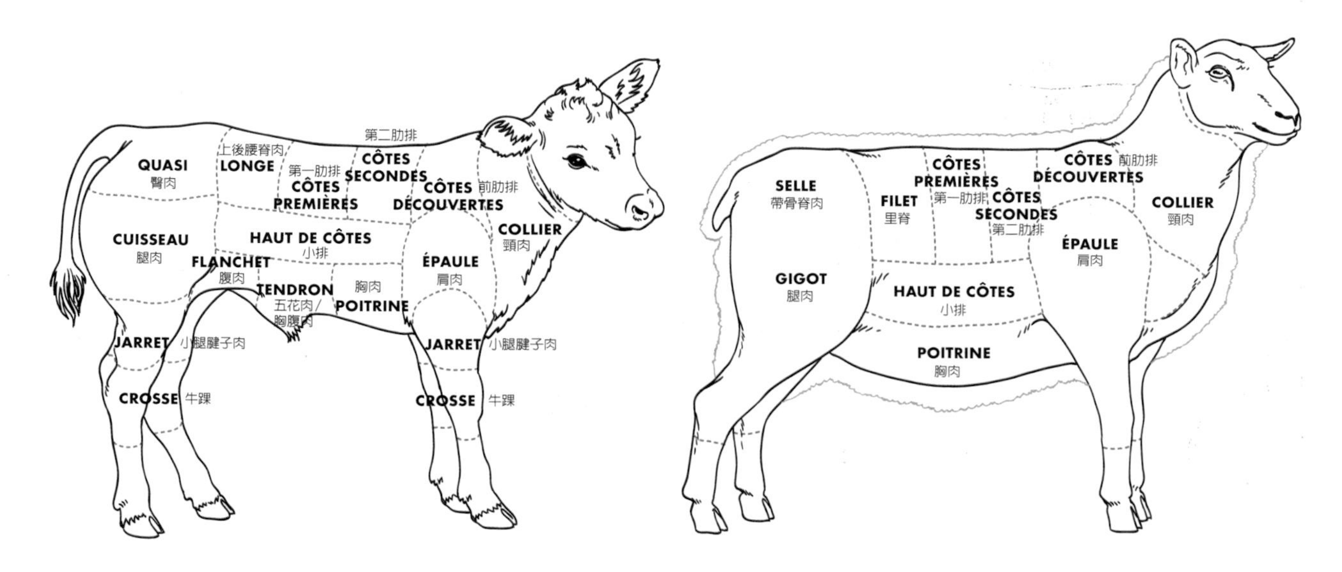

Les cuissons 烹調

Morceau 部位	*Modes de préparation* 烹調方式
Collier 頸肉	水煮、煨或油煎
Côtes 肋排	燒烤、油煎
Filet et côte filet 里脊與肋脊	燒烤、油煎或烘烤
Selle et gigot raccourci 帶骨脊肉與腿肉	烘烤
Poitrine et haut de côtes 胸肉與腹肋	油煎、烘烤、煨
Épaule 肩肉	烘烤、油煎
Carré 肋排	烘烤

Conseils des chefs
主廚建議

欲烘烤豬肉，最好選擇肩肉 / 梅花肉（échine），並以小火進行，放入加蓋的燉鍋中，讓水氣不會散逸。
最後，在液體乾涸且溫度逐漸增加時，
肉就會烤成金黃色。
通常豬肉在剛開始烹煮時不會上色，到了最後才會上色，但小里脊 / 菲力（filet mignon）除外。

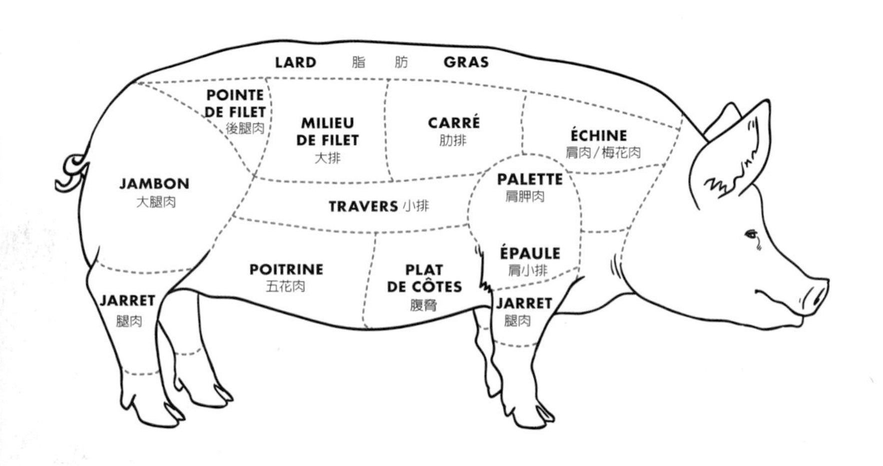

LE COCHON 豬

豬肉是市面上最容易取得的肉類之一。牠總是對應到二十一世紀的一句諺語：「豬渾身都是寶 Dans le cochon, tout est bon」。價格當然是牠成功的手段之一，但牠的肉也同樣美味，而且適用於多種烹調方式。

LE COCHON 選擇

肉必須呈現粉紅色、結實、不會滲水，也不會排出任何液體。乳豬最爲細緻。2個月大，約15公斤的乳豬可提供香甜軟嫩的肉質。

注意：豬肉分爲新鮮（排骨 côtelette、小里脊 filet mignon、小排 travers、肩肉 / 梅花肉 échine），和醃漬（豬頸，作爲餡料或填入法式肉凍派 terrines、香腸 saucisse、臘腸 saucisson、火腿 jambon 等）。

Les cuissons 烹調

Morceau 部位	*Modes de préparation* 烹調方式
Échine 肩肉/梅花肉	燒烤、烘烤
Côtes premières et secondes 第一和第二肋排	油炒、燒烤、烘烤
Filet 里脊	燒烤
Côte filet 大里脊	烘烤或燒烤
Filet mignon 小里脊	油炒、燒烤或烘烤
Palette 肩胛肉	水煮、煨
Jarret avant et arrière 前腿肉和後腿肉	水煮、煨
Travers 小排	燒烤
Poitrine 五花肉	水煮或燒烤

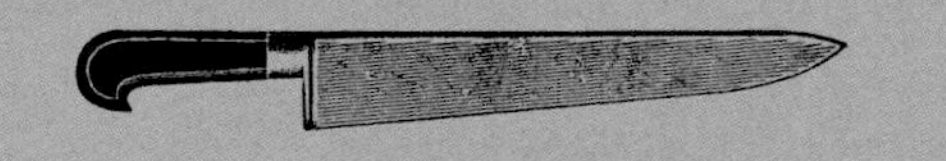

L'AGNEAU
羔羊

— TECHNIQUES 技巧 —

Habiller un carré d'agneau

羔羊排的處理

❁

USTENSILES 用具

去骨刀(Couteau à désosser)

鋸子(Scie)

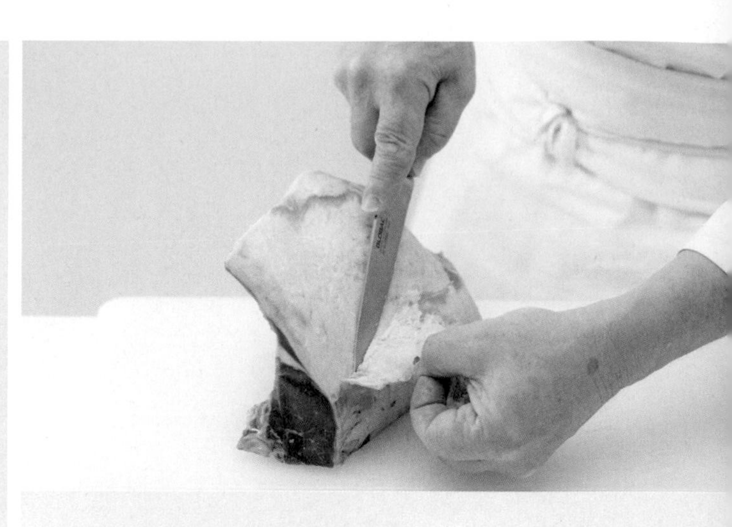

• 1 •

去掉冰涼羊排和羊皮外面部分的油脂(這樣會比較方便處理)。

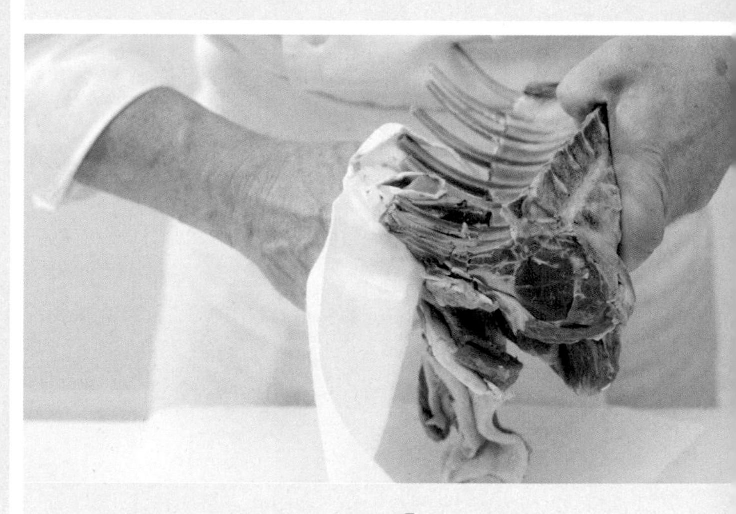

• 4 •

用潔淨的布巾,以轉動的方式將肉從骨頭上剝離。

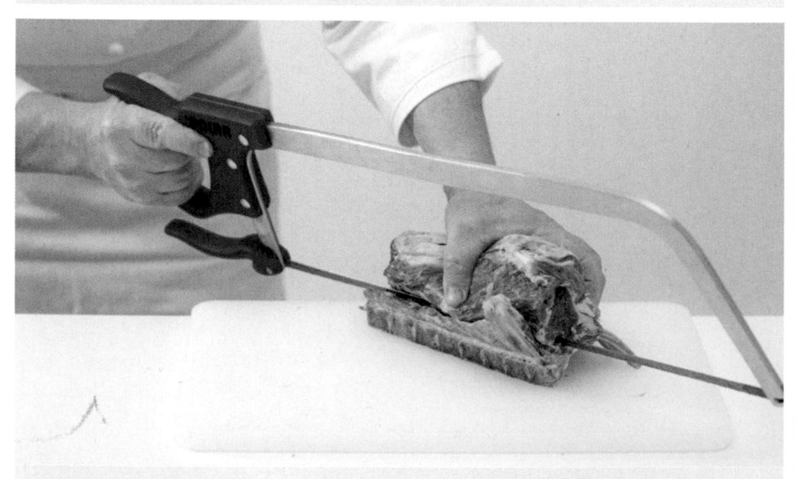

• 7 •

用鋸子將脊柱上的骨頭鋸開。

• 8 •

去掉油脂,而且一定要移除背部的神經,以免在烹煮時收縮。

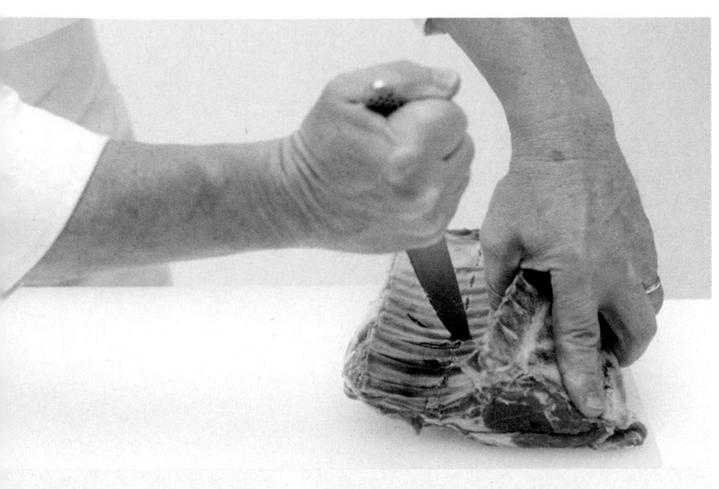

• 2 •

沿著肋骨，在一半高的位置將羊排切開，將骨頭分開，並將肋骨間的肉刮下。

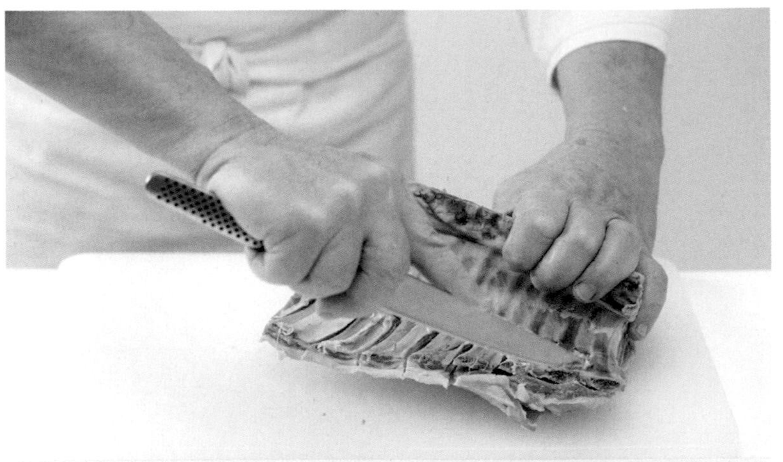

• 3 •

仔細刮每根肋骨的表面，將骨頭刮乾淨。

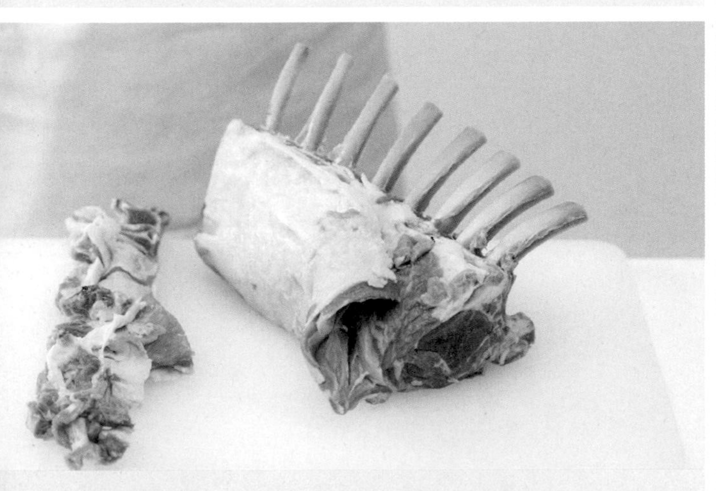

• 5 •

讓羊排露出一根根乾淨的肋骨—記得保留刮下的碎肉以製作原汁。

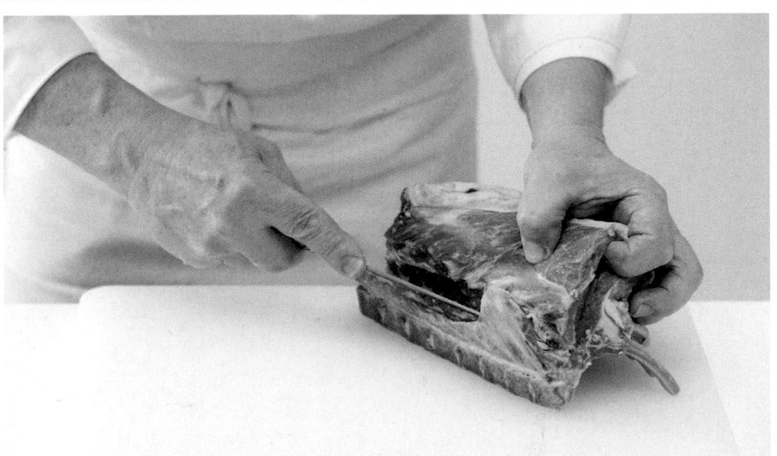

• 6 •

從脊柱上取下羊排。

• 9 •

在油脂上斜劃出刀痕，以免烘烤時變得乾燥。

• 10 •

羊排已經修剪整齊、露出光滑肋骨，隨時可供烹調使用。

— TECHNIQUES 技巧 —

Préparer une selle d'agneau

羔羊脊肉的處理

USTENSILE 用具

刀

• 1 •

將羔羊脊肉平放在工作檯上。

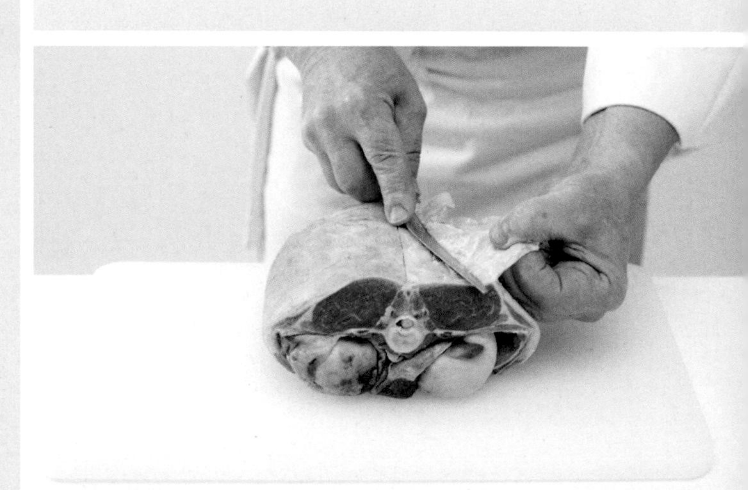

• 3 •

務必保持刀身持平，去掉羊皮和部分油脂。

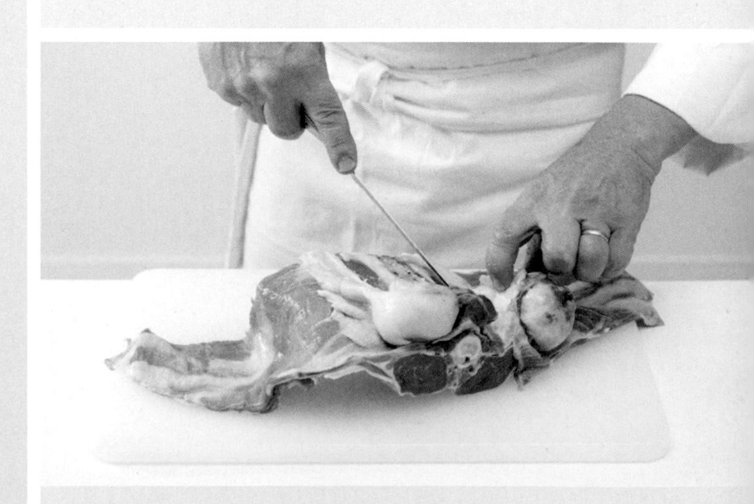

• 5 •

將脊肉翻面並清除腎臟。

• 2 •

將脊肉中央輕輕劃開，先將刀尖插入其中一端。

• 4 •

繼續以同樣方式處理兩邊，務必要保留里脊外層的前腹肉（panoufle）。

• 6 •

將腎臟從中間剖開，去掉筋膜。

— FOCUS注意 —

羔羊脊肉又稱「英式帶骨脊肉 selle anglaise」，適用多種方式烹調的部位，可去骨塞餡、切片油煎，取下的脊肉也可經過燒烤，以「去骨羊小排 noisettes」的形式上菜。

• 7 •

去除油脂和尿管。

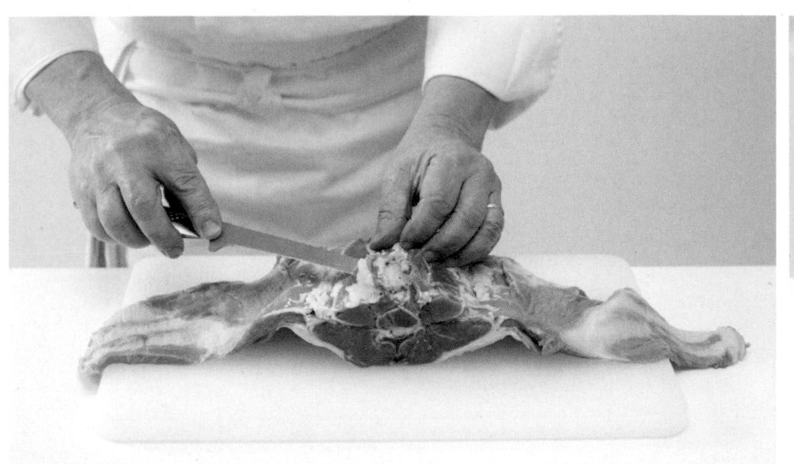

• 8 •

去掉筋膜和油脂部分。

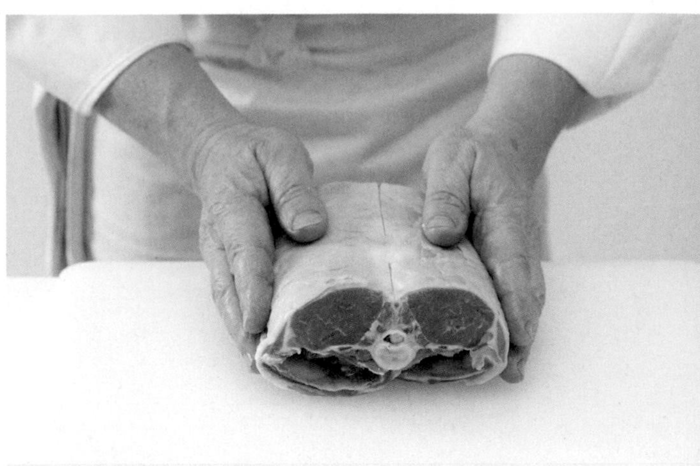

• 9 •

翻面，並將脊肉下方里脊外層的前腹肉折起。

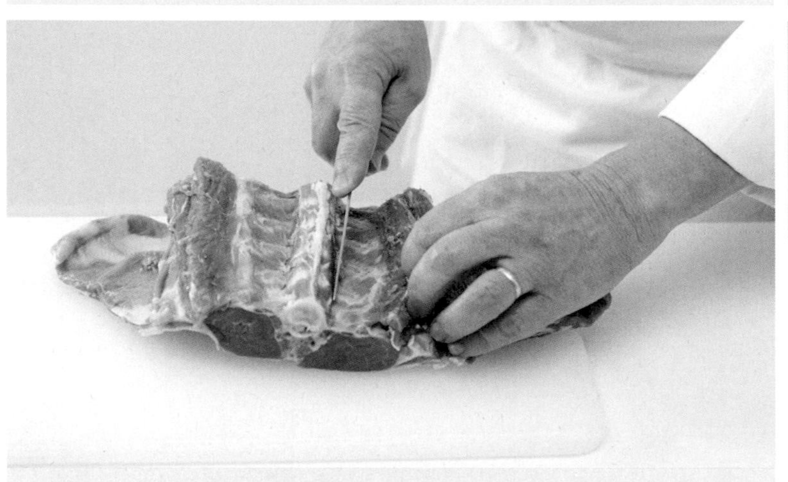

• 11 •

將脊肉翻面，將里脊肉(filets mignons)取下。

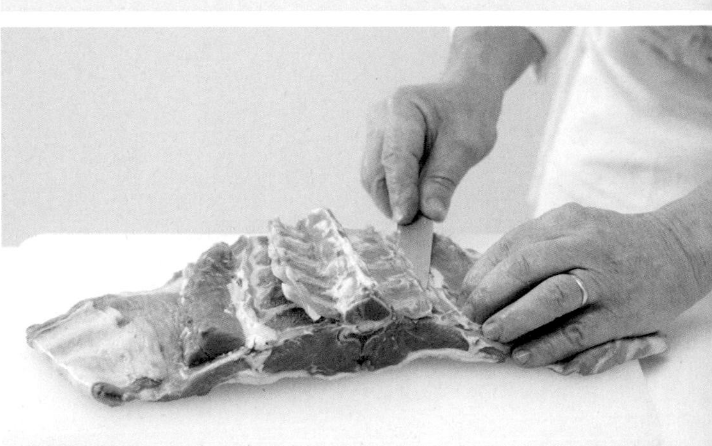

• 12 •

將刀身輕輕劃過脊柱的椎骨下方。

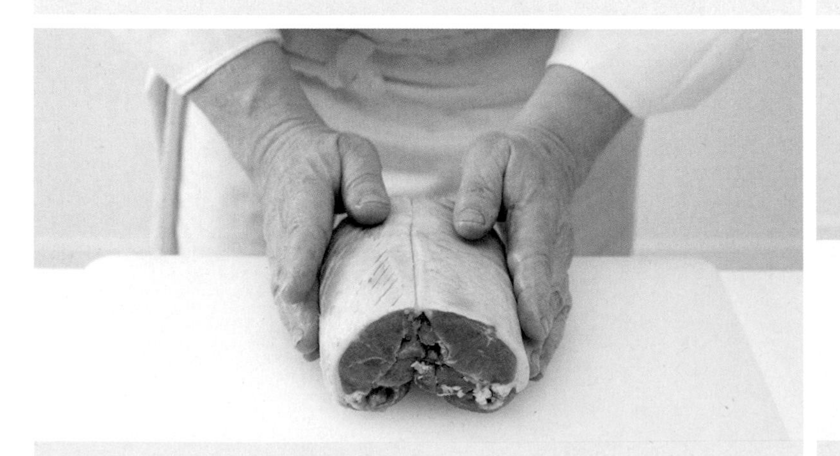

• 14 •

將脊肉翻面，用刀在前腹肉上劃格狀刀紋，接著將里脊外層的前腹肉折到脊肉下方。處理至這個階段的，已經可以進行烹煮或塞餡調理。

• 15 •

將脊肉縱切成二半。用里脊外層的前腹肉將主要肉塊包起(左半部)；將里脊外層的前腹肉與主要肉塊和里脊肉分開(右半部)。

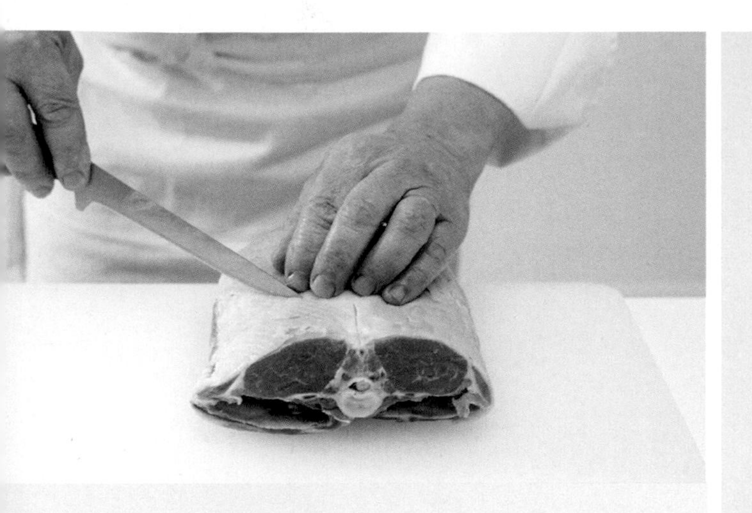

• 10 •

在油脂上劃出規則的斜紋。處理至這個階段的肉已經可以用繩子綁起進行烘烤。

• 13 •

將脊柱與肉分離，並去掉背部的筋。

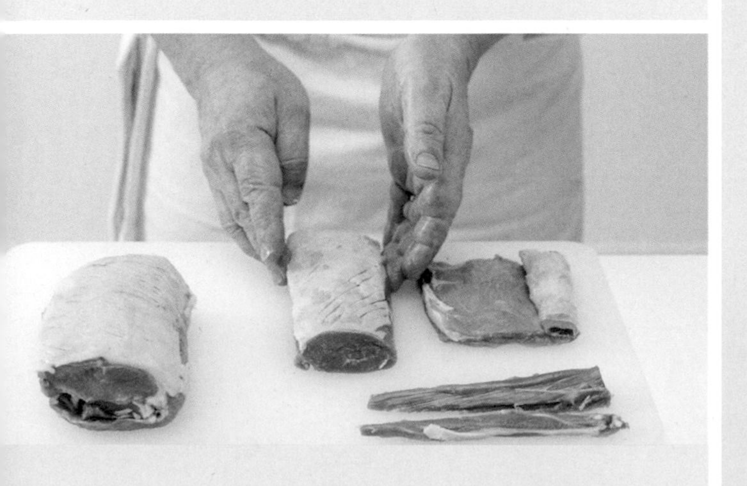

• 16 •

左半部的肉已經處理好，可塞餡和綁繩進行烹煮，主要的肉塊已經處理好，可以整塊或切成薄片烹煮，里脊肉也已準備好可以進行烘烤。

等級 1

*

CARRÉ D'AGNEAU DU QUERCY RÔTI EN PERSILLADE ET PETITS LÉGUMES

巴西利烤凱爾西羔羊排佐迷你蔬菜

6人份
準備時間：1小時20分鐘
烹調時間：1小時

INGRÉDIENTS 材料
6根的羔羊排2塊
調味蔬菜200克
（洋蔥、胡蘿蔔、大蒜、香料束）
融化的奶油（Beurre fondu）
橄欖油
普羅旺斯香草
（herbes de Provence）20克

persillade巴西利麵包粉
吐司80克
大蒜1瓣
平葉巴西利2枝

légumes primeur時令鮮蔬
蕪菁3顆
帶葉迷你胡蘿蔔12根
奶油80克
砂糖（Sucre semoule）
細的法國四季豆（haricots verts fins）
300克
蠶豆300克
小番茄6顆
橄欖油
鹽、胡椒

USTENSILE用具
電動攪拌器

1› 肉的處理：修整肋排、去骨，讓2塊羔羊排的6根肋骨露出。

2› 原汁：將修切下的骨頭與碎肉切碎，炒至上色，去掉油脂，接著加入調味蔬菜塊，炒至上色，然後逐漸加水，以小火濃縮原汁。用普羅旺斯香草調味。煎烤肋排，但讓羊肉仍保持漂亮的淡粉紅色。

3› 製作巴西利麵包粉：用電動攪拌器將吐司、去皮大蒜和平葉巴西利打碎。勿攪打過久，應形成粉狀而非膏狀。爲肋排刷上融化奶油。

4› 在肋排上沾裹大量的巴西利麵包粉。輕輕按壓，讓麵包粉附著，並加入一些橄欖油。烤至略爲上色。

5› 蔬菜的準備：將蕪菁和迷你胡蘿蔔削皮並修切成長條狀。放入煎炒鍋中，注意只能鋪上一層蔬菜。加水淹至蔬菜一半的高度，加入奶油、鹽和糖，蓋上烤盤紙，接著以小火慢燉。

6› 爲法國四季豆和蠶豆進行英式汆燙anglaise（加鹽沸水），接著去掉蠶豆的第二層皮。將番茄去皮（浸入沸水中數秒後去皮），將中心挖空，用鹽和胡椒調味，填入大量的巴西利麵包粉，加入幾滴橄欖油，入烤箱烘烤至略爲上色。

7› 將羊排擺至盤上，顏色交錯地在周圍放上配菜。淋上些許原汁，每人份約2根肋排，與配菜和些許原汁擺在盤子上。

等級 2

**

CARRÉ D'AGNEAU RÔTI DES PRÉS-SALÉS DU MONT-SAINT-MICHEL

火烤聖米歇爾海牧羔羊排

6人份
準備時間：1小時30分鐘
烹調時間：1小時

INGRÉDIENTS 材料
6根肋骨的海牧羔羊排（agneau de pré-salé）2塊
鹽、胡椒

jus原汁
調味蔬菜120克
（洋蔥、胡蘿蔔、大蒜、香料束）
菇蕈碎屑（Parures des champignons）
香葉芹和龍蒿
（取自巴西利麵包粉的材料）

persillade巴西利麵包粉
杏仁粉50克
吐司80克
大蒜1瓣
平葉巴西利1小束
香葉芹1小束
龍蒿1小束
諾曼第奶油
（beurre de Normandie）80克

primeurs時令鮮蔬
鹽角草（salicornes）300克
食用傘蕈（mousseron）200克
綠蘆筍12根
紅櫻桃番茄12顆
黃櫻桃番茄12顆
圓形的迷你馬鈴薯（mini-pommes de terre nouvelles ovales）6顆
卡門貝爾乳酪（camembert）100克
諾曼第奶油100克
法式酸奶油（crème fraîche）100毫升

coagula végétal蔬菜凝塊
平葉巴西利1小束
香葉芹2枝
龍蒿2枝
（見62頁）

USTENSILE用具
電動攪拌器（Robot ménager）

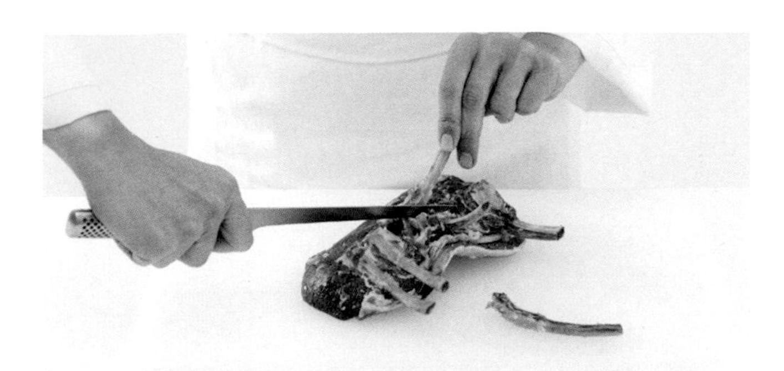

1› 肉的處理：將6根肋骨每2根修切掉1根，以形成3等份。（留下的3根肋骨，與肋骨¼相連的羔羊肉必須修切整齊以形成完美的圓）。將肋骨刮去筋膜，讓羔羊排的3根肋骨露出。

2› 原汁：將修切下的骨頭與碎肉切碎，炒至上色，去掉油脂，接著加入調味蔬菜塊，炒至上色，然後逐漸加水，以小火濃縮原汁。加入菇蕈碎屑，並用香葉芹和龍蒿調味。

3› 以180℃烤羔羊排12至15分鐘（讓羊肉保持漂亮的粉紅色）。

4› 巴西利麵包粉：將杏仁粉、吐司、去皮大蒜、平葉巴西利、香葉芹和切碎的龍蒿放入電動攪拌器中，接著打成粉狀。保留部分的綠色粉末，其餘的和奶油混合，形狀膏狀。

5› 將巴西利麵包粉塗在羔羊排上，塗至0.5公分厚。

6› 均勻地撒上剩餘的的綠色麵包粉。

7› 擺在烤箱的烤架上烘烤，小心留意烘烤狀況，讓綠色的巴西利麵包粉烤至形成淡淡的金黃色。

8› 將鹽角草和奶油一起加熱。用奶油燜煮傘蕈，並加入酸奶油。爲蘆筍進行英式氽燙anglaise（加鹽沸水）。番茄入烤箱以85℃（熱度3）略爲烘烤。將挖空的迷你馬鈴薯塡入卡門貝爾乳酪一起焗烤成金黃色。

9› 將羔羊排切成3塊。像抽象的植物園般，在每塊羔羊排周圍擺上蔬菜。加入一點原汁和幾滴摻水稀釋的蔬菜凝塊。

等級 3

✻✻✻

6人份
準備時間：2小時
烹調時間：1小時

INGRÉDIENTS 材料
帶有13根肋骨的羊胸肉1塊
塔賈司吉橄欖醬100克
每公斤用鹽12克
每公斤用胡椒3克
胡椒粉
香薄荷（sarriette）1枝

viennoise à la sarriette
香薄荷維也納麵包粉
奶油100克
香薄荷5克
生菠菜20克
細白麵包粉40克
細鹽、胡椒粉

marmelade d'oignons et tomates
洋蔥番茄醬
大頭蔥泥300克
番茄碎300克
紅花百里香（thym serpolet）1枝
巴洛羅醋（vinaigre barolo）50克
柚子油或柑橘油50克

palets d'aubergine de Sicile
西西里茄子餅
西西里茄子2根
橄欖油100克
紅花百里香1枝
大蒜2瓣
洋蔥番茄醬300克
黃櫛瓜（courgette jaune）1根
細鹽、胡椒粉

décoration 裝飾用
油漬番茄（tomate confite）6條
塔賈司吉橄欖片6片
焙炒松子6顆
紅花百里香頂端的花朵6株

jus d'agneau 羔羊原汁
羔羊碎肉300克
紅蔥頭50克
紅甜椒50克
舌型椒（piquillos）20克
花生油50克
奶油50克
拍碎的大蒜20瓣
家禽基本高湯1公升
白酒100克
香薄荷1枝
細鹽

AGNEAU DE SISTERON EN DEUX SERVICES (1ER SERVICE)

二種作法的西斯特龍羔羊（第一種作法）

阿諾·唐凱勒Arnaud DONCKELE，巴黎斐杭狄校友。

阿諾·唐凱勒是才華洋溢的年輕主廚，每天都從南法的食材中汲取靈感，料理充滿地中海的想像力。

Premier service第一種作法：羔羊排、摩洛哥堅果油的原汁、西西里茄子餅、洋蔥番茄醬

Second service第二種作法：羊腳包、帶骨羊肩排、羔羊胸腺和腎臟、濃縮的原汁、舌型椒和香薄荷乳化醬汁

羔羊：從羔羊胸取下小片的里脊肉（見254頁的步驟說明），刷上塔賈司吉橄欖醬，接著用保鮮膜捲成小卷狀固定，冷凍保存。

去骨羔羊排noisettes d'agneau：從羔羊背部取下1塊完整的脊肉作為去骨羔羊排，修整後保留所有的碎肉，用於配製羔羊原汁（見下面步驟）。將去骨羔羊排分成6份，依重量用鹽和胡椒調味，然後快速燒烤每一面。放涼後預留備用。

烹煮：在去骨羔羊排上劃一些切口，嵌入1小片里脊肉，然後用保鮮膜捲起。將去骨羔羊排放入耐熱真空袋或耐熱袋中，以83℃的溫度加熱5分鐘，接著將溫度降為64℃，繼續加熱至肉塊中心的溫度達到54℃。或是以保鮮膜密封包起，放入平底深鍋中以少量的水加熱至58℃，煮至肉塊中心的溫度達到54℃。放涼並預留備用。

香薄荷維也納麵包粉：將奶油切成小塊，摘下香薄荷和菠菜的葉片，將所有材料和麵包粉混合，接著放入電動攪拌器的攪拌碗中攪打。在二張烤盤紙之間薄薄地鋪上一層維也納麵包糊，冷凍讓麵糊硬化，接著切成比去骨羔羊排稍大的長方形，然後擺在盤子上解凍。

洋蔥番茄醬：混合大頭蔥泥和番茄碎，使用前以一些紅花百里香、少許巴洛羅醋和柚子油（或柑橘油）調味。

西西里茄子餅：將西西里茄子切成約1.5公分的片狀，用鹽、胡椒和一些橄欖油調味，接著將兩面烤過後，和少許橄欖油、紅花百里香和2瓣拍碎的大蒜一起放入預熱至180℃（熱度6）的烤箱中烘烤油漬30分鐘。用壓模切割油漬茄子片，接著在適當的圓形慕斯圈中進行組裝，將茄子鋪在底部，接著將洋蔥番茄醬擺在中央，然後再擺上1片茄子。將黃櫛瓜裁成6片，每片3至4公釐厚，將1片黃櫛瓜擺在茄子片上，然後進行真空包裝，將茄子餅壓實（或是用重物壓實）。上菜時，將茄子餅放入烤箱，以120℃（熱度2-3）烘烤6分鐘，接著再淋上一些濃縮的羔羊原汁，在上面擺上所有裝飾用食材。

jus d' agneau du soir
夜晚的羔羊原汁
羔羊原汁300克
羔羊碎肉300克
紅蔥頭50克
紅甜椒50克
舌型椒(piquillos)20克
花生油50克
白酒100克
切碎的香薄荷1束
奶油50克
糖漬檸檬丁(brunoise de citrons confits)50克
舌型椒小丁50克
檸檬汁½顆
摩洛哥堅果油(huile d' argan)50克
胡椒粉

caramel tomate 番茄焦糖
番茄6顆
百里香1枝
檸檬草1根

fiition 最後完成
紅花百里香葉

USTENSILES 用具
直徑3公分的壓模
烹飪溫度計
電動攪拌器
手持式電動攪拌棒
漏斗型濾器

等級 3

✻✻✻

6人份
準備時間：2小時
烹調時間：1小時

INGRÉDIENTS 材料
basses côtes d' agneau et les panoufles du coffre 羔羊肩和前腹肉
羔羊肩和前腹肉600克
花生油100克
奶油100克
紅蔥頭50克
紅甜椒50克
舌型椒50克
羔羊原汁400克
切碎的香薄荷2枝
莙薘菜綠葉(vert de blette)6片
玉米粉(Maïzena®)30克
舌型椒小丁50克
糖漬檸檬小丁50克
細鹽、胡椒粉

羔羊原汁：將羔羊碎肉約略切小塊。以同樣方式將紅蔥頭、甜椒和舌型椒切小塊。在煎炒鍋(或燉鍋)中，用些許花生油將羔羊碎肉炒至上色，調味，加入奶油，接著是紅蔥頭、甜椒和舌型椒、幾瓣拍碎的大蒜，然後繼續炒至上色。一炒至上色並將蔬菜炒熟後，撈去油脂，倒入白酒去漬，收乾湯汁後，接著再用高湯淹過，加入香薄荷，將湯汁收乾一半，用漏斗型濾器過濾，並保留羔羊碎肉。再進行一次過濾，同時收集羔羊原汁的碎屑，加入清水淹至羔羊碎肉的高度，煮沸，再度濃縮湯汁至一半，並用漏斗型濾器過濾。將濾出的羔羊原汁集中，再進行一次過濾，然後調整調味。

夜晚的羔羊原汁：這道原汁爲了新鮮及其特色，必須在上菜前製作。用花生油翻炒羔羊修切下的肉塊，加入奶油、切成小塊的紅蔥頭、番茄、舌型椒，炒至出汁一會兒，淋上白酒，將原汁收乾，接著用羔羊原汁淹過，快速燉煮，加入香薄荷，讓香薄荷浸泡在原汁中。用漏斗型濾器過濾，並隔水加熱保溫備用。

番茄焦糖：收集番茄的汁和籽，和整枝的百里香及切碎的檸檬草一起放入平底深鍋中，倒入100毫升的水，接著以小火濃縮至形成焦糖的質地。

羔羊原汁的最後完成：上菜時再將去骨羔羊排放入52℃（熱度1）的烤箱中加熱，接著在煎炒鍋中和羔羊油(gras d'agneau)及1枝香薄荷一起油煎。將去骨羔羊排切成薄片，用些許堅果油和胡椒粉調味，接著放入煎炒鍋中，淋上夜晚的羔羊原汁，用打蛋器混入分成小塊的奶油，加入所有其他材料，然後調整一下調味。

擺盤：在湯盤中，一邊擺上香薄荷維也納麵包片，麵包片上是切片的去骨羔羊排，另一邊放上3塊淋上少許番茄焦糖並放上幾片紅花百里香葉的茄子餅。將完成的羔羊原汁裝入醬汁杯並擺在一旁上菜。

第二種作法(2ND SERVICE)

煨羔羊肩肉：用鹽、胡椒爲羔羊肩和前腹肉調味，在煎炒鍋中用花生油煎至上色。加入奶油、切成薄片的紅蔥頭、紅甜椒、舌型椒，接著繼續將所有食材煎至上色。羊肋排和前腹肉一上色，而且配菜都煮熟後，就用羔羊原汁淹過，加入1枝切碎的香薄荷，加蓋，接著在預熱至100℃（熱度2-3）的烤箱中烘烤，然後浸泡一整晚。
隔天，燙煮莙薘菜綠葉並預留備用。將燉鍋從烤箱中取出，撈起肉塊，將肉的纖維鬆開，過濾煨煮湯汁，用玉米粉稠化，接著將湯汁和鬆開的肉混合。加入舌型椒和糖漬檸檬小丁(預留一些備用)，以及另一枝切碎的香薄荷，混合後用保鮮膜捲成香腸狀，並用燙煮過的莙薘菜綠葉包起。上菜時，將肉腸切段，放上一片莙薘菜，讓整體密封的情況下放入烤箱加熱。最後加入一些舌型椒和糖漬檸檬小丁，再淋上一些濃縮的羔羊原汁。

等級 3

＊＊＊

ris d'agneau *羔羊胸腺*
羔羊胸腺
粗鹽
橄欖油50克

pieds et paquets *羊腳包*
羊腳3隻
羊胃（tripes d'agneau）300克
粗鹽
洋蔥50克
大蒜10克
胡蘿蔔50克
碎胡椒粒5克
香薄荷1枝
番茄100克
橄欖油100克

rognons d'agneau *羔羊腎*
羔羊腎（rognons d'agneau）
（脊肉的部分）2顆
橄欖油
細鹽、胡椒粉

côtes d'agneau *帶骨羔羊排*
帶骨羔羊肋排（或後肋排）6塊
橄欖油
濃縮羔羊原汁50毫升
細鹽、胡椒粉

garnitures *配菜*
紅櫻桃番茄12顆
大蒜1瓣
橄欖油
迷你櫛瓜6根
綠橄欖片100克
羔羊原汁150毫升
奶油20克
鹽、胡椒粉

émulsion piquillos-sarriette
舌型椒與香薄荷乳化醬汁
羔羊原汁100克
液狀鮮奶油100克
牛乳50克
舌型椒20克
香薄荷16枝
豆漿（lait de soja）1小匙

fiition *最後完成*
濃縮的羔羊原汁150毫升
牛至油（huile de marjolaine）50毫升
舌型椒與香薄荷乳化醬汁

décoration *裝飾用*
野生芝麻菜苗6×3
櫛瓜花2朵（花瓣）
櫛瓜薄片6×2

羔羊胸腺：將胸腺放入加有粗鹽的冷水中煮沸，燙煮2至3分鐘。浸入冰水中冷卻，接著去掉不要的部分，刷上些許橄欖油後保存備用。

番茄煨羊腳包：將羊腳和羊胃放入冷水中煮沸並燙煮，經常撈去浮沫，加入粗鹽、大蒜、胡蘿蔔、碎胡椒粒、香薄荷，微滾燉煮7小時（或用壓力鍋加壓煮1小時30分鐘）。撈起羊腳，加入番茄續燉1小時。將羊腳去骨切成小塊，放涼，再與番茄、香味蔬菜等燉10分鐘。將羊胃切成長條。撕去羔羊腎的膜備用。

羔羊肋排：將羔羊肋排切成6塊，用鹽、胡椒調味，然後燒烤至想要的熟度。上菜前，為羔羊排淋上濃縮的羔羊原汁。

製作配菜：將櫻桃番茄去皮，用鹽、胡椒、橄欖油和蒜末，在80℃（熱度2）的烤箱中進行油漬，直到番茄軟化。為迷你櫛瓜進行英式汆燙（加鹽沸水）。

舌型椒與香薄荷乳化醬汁：將羔羊原汁煮沸，加入鮮奶油、牛乳，接著和切片的舌型椒與香薄荷一起浸泡10分鐘。用手持式電動攪拌棒快速攪打，接著用漏斗型濾器過濾，加入豆漿，以隔水加熱的方式保溫備用。

最後完成與擺盤：上菜時，用混入奶油的羔羊原汁加熱並浸漬番茄、迷你櫛瓜和橄欖片。在鐵板（plancha）或平底煎鍋中用橄欖油煎羔羊胸腺與羔羊腎並以鹽、胡椒粉調味，接著將羔羊胸腺與羔羊腎切片。在每個餐盤中放入些許濃縮的羔羊原汁，接著擺上浸泡好的羔羊肩肉、羊腳包、胸腺、切片的羔羊腎和淋上羔羊原汁的羔羊肋排。將配菜和裝飾食材如庭園般和諧地擺在盤中。最後再用牛至油和舌型椒與香薄荷乳化醬汁來完成擺盤。一旁以醬汁杯裝的乳化醬汁上菜。

— *Recette* —

食譜出自

阿諾·唐凱勒 ARNAUD DONCKELE, LA VAGUE D'OR *** (聖托佩 SAINT-TROPEZ)

等級 1

*

NAVARIN D'AGNEAU AUX POMMES DE TERRE

洋蔥馬鈴薯燉羊肉

6人份
準備時間：45分鐘
烹調時間：55分鐘

INGRÉDIENTS 材料

viande 肉

橄欖油20克
奶油20克
羊頸肉（collier d'agneau）600克
（50克的肉塊十幾塊）
羔羊肩肉（éepaule d'agneau）600克
漂亮的羔羊胸肉（poitrine d'agneau）
12塊
鹽
白胡椒
糖5克
麵粉60克
棕色家禽或小牛棕色淡高湯（見38頁）
1.5公升
漂亮的成熟番茄6顆
番茄泥（purée de tomates）200克
新蒜（ail nouveau）3瓣
漂亮的香料束1束
（檸檬百里香thym citron、月桂葉、
迷迭香、西洋芹）

légumes 蔬菜

硬質馬鈴薯30顆
（芳婷美人belle de fontenay、夏洛特
charlotte、愛蒙汀娜amandine）
泡溫水去皮的珍珠小洋蔥（petits
oignons grelots épluchés）30顆
奶油100克
糖20克
細鹽
胡椒粉

USTENSILES 用具

鑄鐵燉鍋（Cocotte en fonte）
（Staub或Le Creuset）
煎炒鍋
雙耳深鍋
圓形烤盤紙二張
（燉鍋1張／煎炒鍋1張）

1› 肉的準備：將烤箱預熱至200℃（熱度6-7）。在燉鍋中加入橄欖油和奶油，以旺火加熱燉鍋，用鹽、胡椒和糖爲肉塊調味，接著將羔羊肉塊煎至上色（糖會焦化，讓肉塊和醬汁形成適當的黃褐色）。

2› 在肉煎至黃褐色時，去掉多餘的油脂，撒上麵粉，接著將燉鍋放入烤箱中，烘烤10分鐘，將麵粉烤熟。

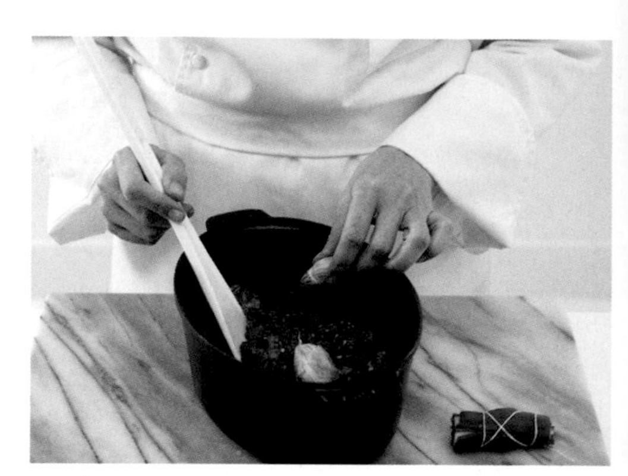

3› 淋上棕色高湯，加入去皮（在適量的沸水中浸泡數秒，便能輕鬆去皮）且切碎的新鮮番茄、番茄泥、拍過的蒜瓣、香料束。蓋上烤盤紙並加蓋放入烤箱，以小火（160℃）烘烤45分鐘。

4› 蔬菜：爲馬鈴薯削皮，並轉削成漂亮的橢圓形（見504頁），接著放入冷水中煮沸，燙煮3分鐘，瀝乾。將珍珠小洋蔥連同奶油、糖、鹽和胡椒一起放入煎炒鍋中，接著用水淹至一半高度，鋪上烤盤紙，加蓋，以小火煮至洋蔥焦糖化。

5› 用漏勺將羔羊肉塊轉移至雙耳深鍋中，並在上方將湯汁過濾。

6› 加入煮至棕色的的珍珠小洋蔥和燙煮好但未冰鎮的馬鈴薯，讓馬鈴薯在湯汁中浸煮15分鐘後停止烹煮。可以擺入碟子裡或盛在熱餐盤。

等級 2

**

6人份
準備時間：1小時15分鐘
靜置時間：1個晚上
（羔羊胸腺ris d'agneau）
烹調時間：1小時

NAVARIN D'AGNEAU DISTINGUÉ AUX PETITS LÉGUMES DES JARDINS D'ÎLE-DE-FRANCE, RIS CROUSTILLANTS
巴黎庭園迷你蔬菜燉羔羊與酥嫩胸腺

INGRÉDIENTS 材料

viande *肉*
橄欖油20克
奶油20克
羊後腿肉（selle de gigot）600克（切成6塊）
羔羊肩肉（épaule d'agneau）600克（切成6塊）
漂亮的露骨羔羊第一肋排（côtes d'agneau premières manchonnées）12塊（見254頁）
漂亮的羔羊胸腺（ris d'agneau）6塊
鹽
白胡椒
糖8克
麵粉70克
棕色家禽或羔羊高湯（見38頁）1.5公升
漂亮的成熟番茄6顆
番茄泥200克
新蒜3瓣
漂亮的香料束1束（檸檬百里香thym citron、月桂葉、迷迭香、西洋芹）

légumes *蔬菜*
幼嫩胡蘿蔔1小束
嫩蕪菁1小束
小洋蔥1小束
嫩白大頭蔥（petits oignons blancs nouveaux）1小束
櫻桃蘿蔔（radis ronds rouges）1小束
嫩豌豆（petits pois nouveaux）750克
嫩小馬鈴薯（pommes de terre grenailles nouvelles）750克
奶油200克
糖
細鹽
胡椒粉

USTENSILES 用具
含蓋子的鑄鐵燉鍋（Staub或Le Creuset）
煎炒鍋（Sautoir）
同煎炒鍋大小的圓形烤盤紙3張

1› 酥嫩羔羊胸腺：前一天，燙煮胸腺。浸入適量冷水中，煮沸後繼續滾2分鐘。用冷水冰鎮，接著擺在布巾上，用布包覆一整晚。

2› 肉（胸腺除外）的準備：將烤箱預熱至200℃（熱度6-7）。在燉鍋中加入橄欖油和奶油，以旺火加熱燉鍋，用鹽、糖和胡椒爲肉塊調味，接著將羔羊肉塊煎至上色（糖會焦化，讓肉塊和醬汁形成適當的顏色）。在肉煎至上色時，去掉多餘的油脂，撒上麵粉，接著將燉鍋放入烤箱中，烘烤10分鐘，將麵粉烤熟。淋上棕色高湯，加入去皮（在適量的沸水中浸泡數秒後去皮）且切碎的新鮮番茄、番茄泥、拍碎的蒜瓣和1束漂亮的香料束。放入烤箱，以小火（160℃）烘烤45分鐘。

3› 將燉鍋從烤箱中取出，將羔羊肉塊放入另一個燉鍋或大型平底深鍋中，接著在肉塊上方過濾湯汁，讓湯汁淋在肉塊上。加入燉煮好的蔬菜（見步驟4的蔬菜準備），最後再煮15分鐘。

4› 蔬菜的準備：將胡蘿蔔、蕪菁、洋蔥去皮，但保留葉片的部分，尤其是各別的形狀。保留櫻桃蘿蔔的皮和部分的葉片。將豌豆去殼，清洗嫩馬鈴薯。將胡蘿蔔、蕪菁、櫻桃蘿蔔和洋蔥，連同奶油、糖、鹽、胡椒、1大匙的水一起放入煎炒鍋中，蓋上濕潤的烤盤紙，以小火燉煮（幼嫩的蔬菜含有足夠的植物水，可以進行燜煮）。

5› 爲豌豆和馬鈴薯進行英式汆燙（加鹽沸水）。放入所有的蔬菜和肉，再以小火慢燉15分鐘（同步驟3的說明）。

6› 胸腺的最後完成：將胸腺切成每塊20克的小塊，並裹上麵粉。

7› 在平底煎鍋中用奶油煎胸腺，將胸腺煎至酥脆，加鹽和胡椒調味，最後一刻再擺在蔬菜上。

8› 可擺入個人盤子裡，或是溫盛入溫熱的大餐盤中。

等級 3

✻✻✻

6人份
準備時間：2小時
烹調時間：30分鐘

INGRÉDIENTS 材料

marinade 醃漬醬料
洋蔥40克
杏桃乾25克
新鮮杏桃50克
葵花油50毫升
香菜½小束
薄荷½小束
新鮮百里香花¼小束
摩洛哥綜合香料(ras-el-hanout)8克
薑粉5克
小茴香粉(cumin en poudre)5克
摩洛哥堅果油(huile d'argan)30毫升
原味優格1罐
羔羊肩肉(épaule d'agneau)½塊

les aubergines 茄子
茄子3根
橄欖油100毫升
百里香1束
鹽、胡椒

jus d'agneau 羔羊原汁
新鮮番茄2顆
切塊的羔羊骨200克
羔羊碎肉200克
橄欖油100毫升
摩洛哥綜合香料1小撮
小牛基本高湯(見24頁)2公升
百里香3枝
檸檬汁1顆

tartelettes feuilletées à l'abricot 杏桃千層迷你塔
奶油折疊派皮150克
澄清奶油(見66頁)100克
砂糖100克
杏桃(abricot)6顆

carré d'agneau 羔羊排
6根肋骨的羔羊排2塊
(請肉販幫忙修整，讓骨頭露出)
奶油

fiition 最後完成
摩洛哥堅果油

USTENSILES 用具
漏斗型濾器
壓模

CARRÉ D'AGNEAU CATALAN *EL XAÏ* RÔTI, ÉPAULE À L'ABRICOT EN TAJINE, AUBERGINES CONFITES

烤加泰隆尼亞愛賽羔羊排佐塔津杏桃肩肉、醃茄子

吉爾·古戎 Gilles Goujon，巴黎斐杭狄導師會議成員，1996年MOF法國最佳職人。

才華洋溢的主廚吉爾·古戎爲了登上技藝的高峰，一步步地往上爬。他的料理彷彿可以聞得到陽光和石灰質的土壤。

醃漬醬汁的製作(前48小時)：將洋蔥去皮並切成薄片。將杏桃乾切碎，將新鮮杏桃切成6塊。用葵花油將洋蔥炒至出汁，加入新鮮杏桃和杏桃乾，接著進行燉煮。放涼。將香草切碎，和洋蔥及杏桃混合，加入香料、摩洛哥堅果油和優格，接著爲半塊的羔羊肩肉塗上這醃料，冷藏醃漬24小時。

羔羊肩肉的烹煮(前一天)：將羔羊肩肉瀝乾，去掉醃漬醬料，在深烤盤(plat à rôtir)中以一些奶油和橄欖油燒烤至上色。加入食材和醃漬醬汁、500毫升的水，蓋上鋁箔紙，放入預熱至90℃(熱度2)的烤箱中烤7小時。不時淋上湯汁(用大湯杓淋上上述的烹煮湯汁)，如有需要，可以在烘烤期間追加一些水。

茄子的準備：將茄子切成厚2公分的片狀，在平底煎鍋中，用橄欖油將每面煎至上色，加鹽、胡椒調味，瀝乾後預留備用。在羔羊肩肉烹煮中途，鋪上茄子後繼續烘烤，始終蓋著鋁箔紙。

羔羊原汁：將番茄切成4塊預留備用。用橄欖油將羔羊骨和碎肉煎成金黃色，去掉多餘的油脂，接著加入番茄塊、摩洛哥綜合香料，淋上高湯，微滾3小時，經常去除表層dépouillant(撈去油脂和浮沫)。用漏斗型濾器過濾原汁，冷藏以便去除油脂，接著再度濃縮至形成糖漿般的質地。加入整枝的百里香，浸泡10幾分鐘，過濾，加入檸檬汁，預留備用。

杏桃千層迷你塔：將折疊派皮擀成3公釐的厚度，用叉子在上面戳洞，接著用壓模裁出6個圓形餅皮。用刷子爲圓形餅皮刷上澄清奶油，接著撒上砂糖，擺在不沾烤盤或鋪有烤盤紙的烤盤上，放入預熱至200℃(熱度6-7)的烤箱烤10分鐘。將杏桃分成2瓣，去核，用刷子爲水果刷上澄清奶油，撒上糖，擺在不沾烤盤或鋪有烤盤紙的烤盤上，放入預熱至220℃(熱度7-8)的烤箱烤10分鐘。折疊派皮一烤好，就將2瓣杏桃擺在每個迷你塔上，預留備用。

羔羊排的烹煮：在烤盤(plat à rôtir)中，用一些奶油以大火煎羔羊排(肥的一面)，接著將每面都煎至上色，放入預熱至160℃(熱度5)的烤箱中烤8分鐘。在烤箱內靜置10分鐘。

擺盤：將羔羊排切塊(每人2根肋排)，用湯匙取出6塊燉好的羊肩肉。將肩肉擺在每個盤子中央，讓肋排在肩肉塊上交叉，接著擺上茄子，再放上杏桃迷你塔。淋上一些百里香羔羊原汁和一些摩洛哥堅果油

— *Recette* —

食譜出自

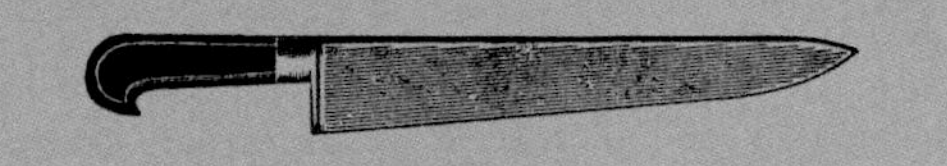

LE VEAU
小牛肉

— TECHNIQUES 技巧 —

Habiller un carré de veau

小牛肋排的處理

USTENSILES用具

去骨刀

料理用繩（Ficelle de cuisine）

• 1 •

用去骨刀進行切割，將小牛肋排的肉塊從肋骨（脊柱骨）上取下。

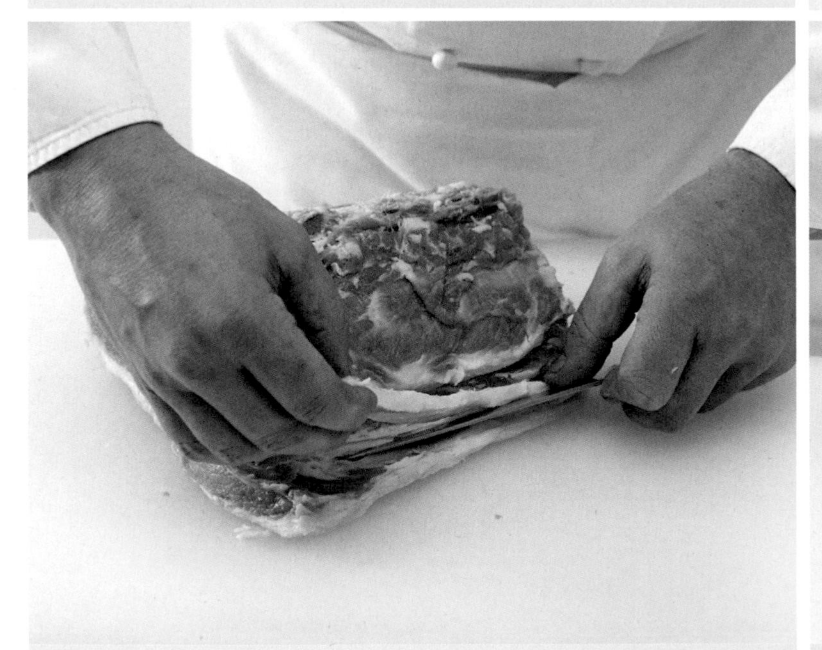

• 4 •

去掉背部的筋。

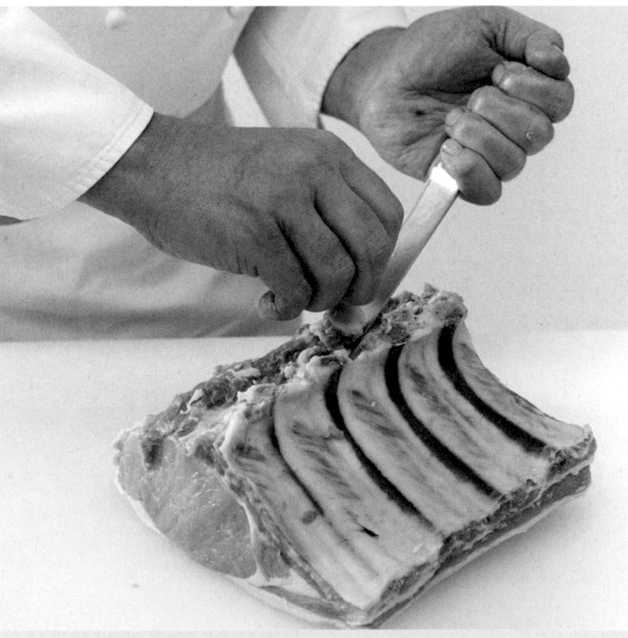

• 5 •

用刀去掉每根肋骨間脊柱骨其餘的筋。

• 2 •

繼續切割至骨頭處，小心別損壞肉塊。

• 3 •

將小牛肋排翻面，用鋸子將脊柱上的骨頭鋸下。

• 6 •

去掉每根肋骨間的硬皮。

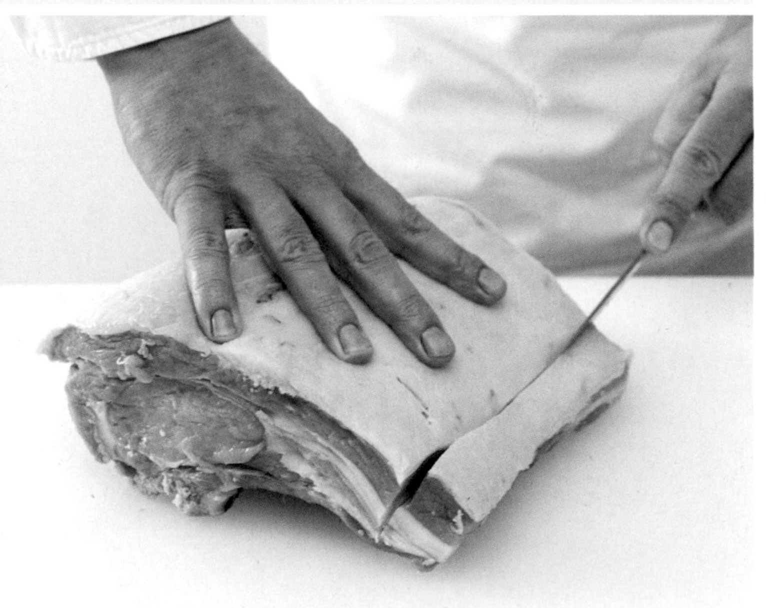

• 7 •

在距離肋骨邊緣3公分處將肉切開，務必要讓刀身穿過每根肋骨之間。

— FOCUS注意 —

小牛肋排為精選的肉塊，軟嫩而味美。
以小火慢烤，經常淋上肉汁，
然後在肉質呈現淡粉紅色的最佳狀態上菜。
一些烤成金黃色的薯條、
油煎蘑菇和濃縮醬汁更是完美的搭配。

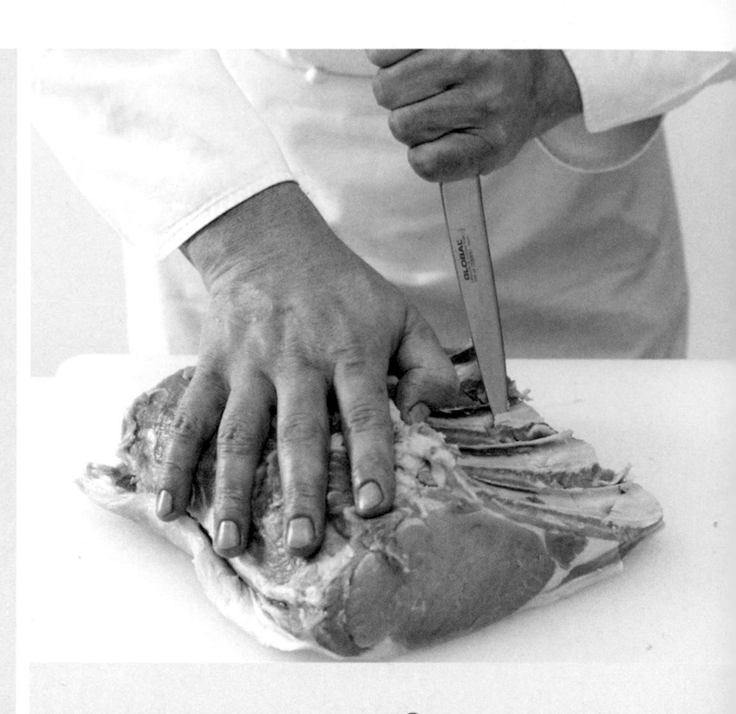

• 8 •

用刀尖刮，將骨肉分離。

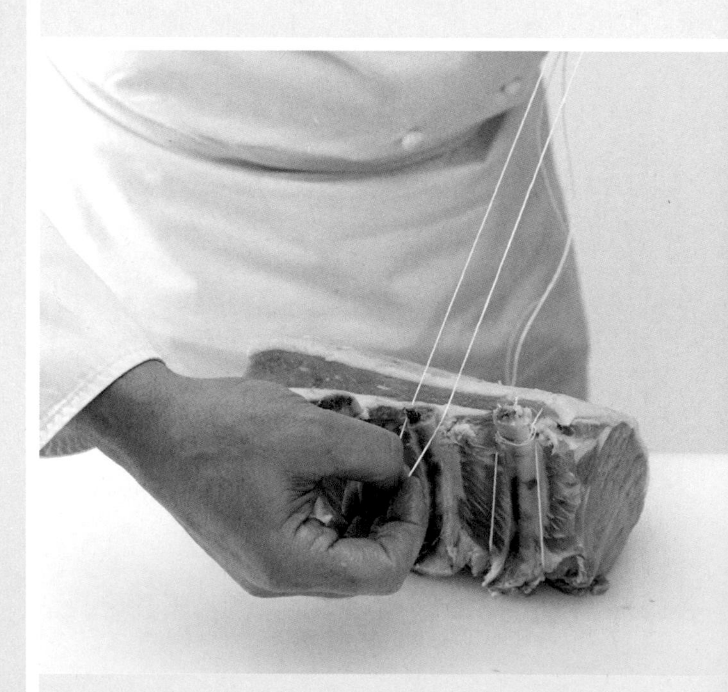

• 11 •

用繩子做 1 個圈，套住骨頭末端，再圈起肉塊。

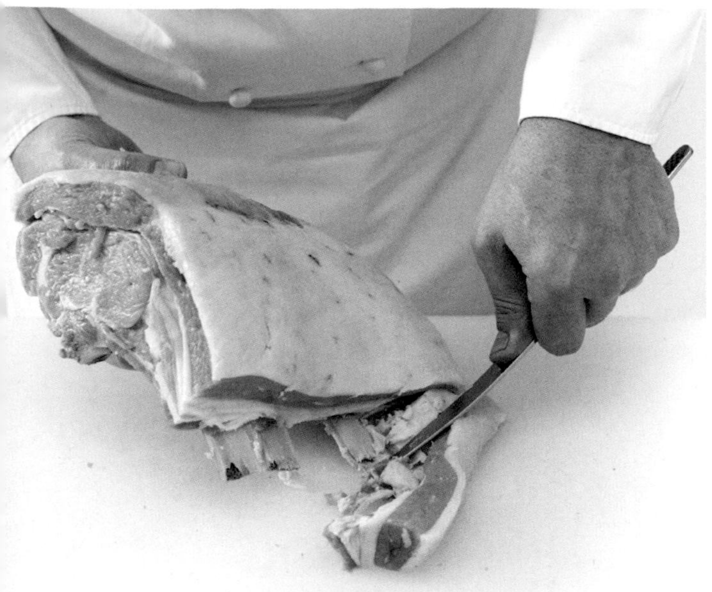

• 9 •

去掉所有的肉和油脂，讓肋骨露出。

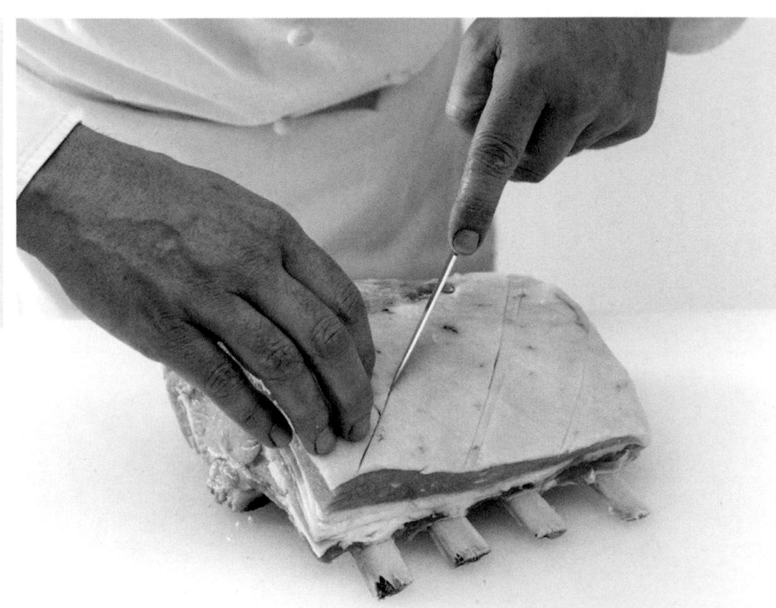

• 10 •

在小牛肋排的脂肪上劃格子刀紋。

• 12 •

再將繩子繞回末端後方，在末端打結。

• 13 •

小牛肋排已經露出光滑肋骨，綁好繩子，隨時可供烹調使用。

等級 1

*

BLANQUETTE DE VEAU À L'ANCIENNE

傳統風味白醬燉小牛肉

6人份
準備時間：2小時
烹調時間：50分鐘

INGRÉDIENTS 材料
小牛肩肉(épaule de veau)800克
粗鹽
白胡椒
細鹽

***garniture aromatique*調味蔬菜**
胡蘿蔔100克
洋蔥100克
丁香(clou de girofle)1顆
韭蔥蔥白(blancs de poireaux)100克
西洋芹50克
大蒜1瓣

***mouillement*燉肉水份**
水1公升

***velouté*絲絨濃醬**
奶油30克
麵粉30克
烹煮的基本高湯500毫升(煮肉後獲得)
蛋黃20克
高脂鮮奶油(crème épaisse)100毫升

***garniture à l'ancienne* 傳統風味配菜**
小洋蔥130克
奶油10克
砂糖
水50克
巴黎蘑菇130克
檸檬

USTENSILE 用具
漏斗型網篩

1› 肉的處理：修整小牛肩肉並去除肥肉，切成4公分的塊狀，接著燙煮。將肉塊放入大型的雙耳深鍋中，用冷水淹過，接著煮沸幾分鐘，一邊撈去浮沫。將肉塊瀝乾，以清水沖洗後預留備用。

2› 製作調味蔬菜：將胡蘿蔔切成粗條狀，將洋蔥切成4塊，將丁香鑲入切成¼塊的洋蔥裡，接著以韭蔥蔥白、西洋芹和蒜瓣製作香料束。

3› 開始燉肉：再將肉塊放入雙耳深鍋中，用清水淹至肉塊上方2至3公分處，撒上粗鹽並煮沸。撈去浮沫，加入調味蔬菜，接著加蓋以小火燉煮50分鐘。

4› 製作白色油糊(roux blanc)：在平底深鍋中將奶油加熱至融化，在奶油起泡時混入麵粉。混合均勻後再加熱一會兒，放涼。

5› 製作傳統風味配菜：在煎炒鍋中用奶油、砂糖和水燉煮小洋蔥，將小洋蔥不上色亮面煮(glacer à blanc)，同時燉煮切片蘑菇，同樣在形成焦糖色前就停止烹煮，務必要保留烹煮的湯汁。預留備用。

6› 撈起肉塊並完成絲絨濃醬：用漏勺將肉塊撈起瀝乾，用漏斗型網篩過濾烹煮湯汁。慢慢將500毫升的烹煮高湯倒入冷卻的油糊中，一邊攪拌，再加入烹煮蘑菇的湯汁，接著繼續攪拌至再度煮沸。

7› 以小火煮絲絨濃醬10幾分鐘。接著混合蛋黃和鮮奶油，加入離火的絲絨濃醬中，一邊攪拌。

8› 重新開火煮沸，用漏斗型網篩過濾，接著淋在肉塊上。

9› 加入蘑菇、洋蔥，用細鹽和胡椒調味，保溫至享用的時刻。

等級 2

✻✻

BLANQUETTE DE VEAU À L'ANCIENNE AU RIZ SAUVAGE

傳統風味白醬燉小牛肉佐野米

6人份
準備時間：2小時
烹調時間：50分鐘

INGRÉDIENTS 材料
小牛腿肉（quasi de veau）2公斤
黑色野米（Riz sauvage noir）
粗鹽
細鹽
白胡椒

***garniture aromatique* 調味蔬菜**
帶葉胡蘿蔔1小束
迷你韭蔥（mini-poireaux）1小束
西洋芹1枝
大蒜1瓣
大頭蔥2小束
丁香
香料束1束
香葉芹1小束

***mouillement* 燉肉水份**
小牛基本高湯（見24頁）1公升

***velouté* 絲絨濃醬**
奶油30克
麵粉30克
烹煮高湯（fond de cuisson）500毫升
（煮肉後獲得）
蛋黃20克
高脂鮮奶油（crème épaisse）100克

***garniture à l'ancienne* 傳統風味配菜**
巴黎蘑菇130克
檸檬
奶油10克
砂糖
小洋蔥130克
水50克

USTENSILES 用具
漏斗型網篩
圓形壓模
（用於香料飯riz pilaf塑型）

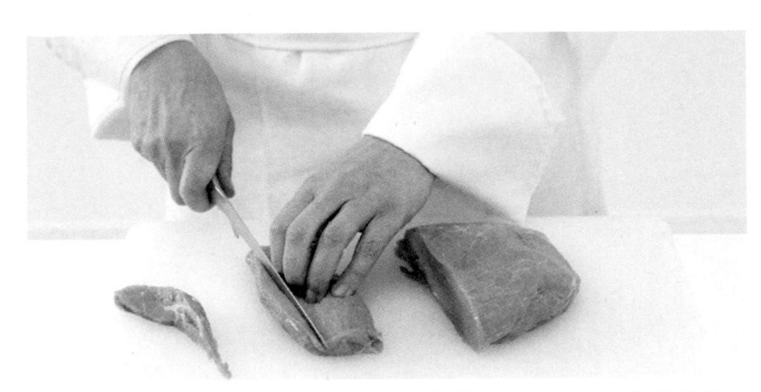

1› 肉的處理：修整腿肉並去掉肥肉的部分，切成5公分的塊狀，接著燙煮。在雙耳深鍋中倒入冷水，煮沸幾分鐘，撈去浮沫，將肉塊瀝乾，用清水沖洗後預留備用。

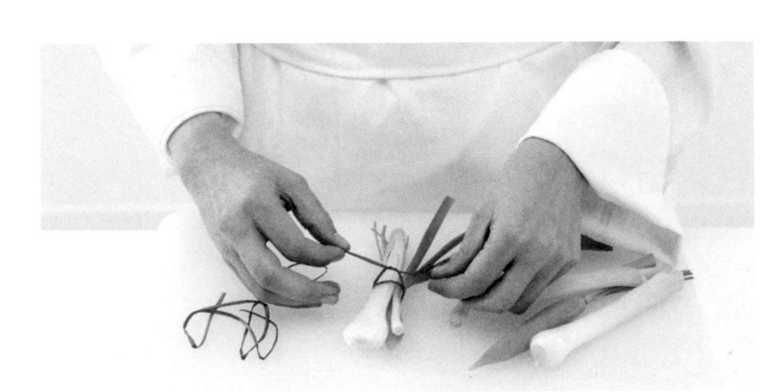

2› 準備調味蔬菜：將蔬菜去皮，保留完整的形狀，在大頭蔥中鑲進丁香，然後用帶葉胡蘿蔔、迷你韭蔥、西洋芹、大頭蔥和蒜瓣製作成香料束。

3› 開始燉肉：再將肉塊放入雙耳深鍋中，用小牛基本高湯淹至肉塊上方2至3公分處，撒上粗鹽並煮沸，撈去浮沫，加入成束的蔬菜，接著加蓋以小火燉煮40至50分鐘。

4› 製作白色油糊：將奶油加熱至融化，加入麵粉，加熱一會兒但不要上色，放涼。

5› 製作傳統風味配菜：爲小洋蔥進行不上色亮面煮（glacer à blanc），轉削蘑菇呈現花紋，接著爲蘑菇進行不上色亮面煮，務必要保留烹煮的湯汁。

6› 撈起肉塊並調配絲絨濃醬：用漏勺將肉塊撈起瀝乾，用漏斗型網篩過濾烹煮湯汁。保留500毫升的高湯並慢慢倒入冷卻的油糊中，一邊攪拌。加入蘑菇烹煮湯汁，繼續攪拌至再度煮沸，接著以小火煮10分鐘。

7› 進行稠化並完成醬汁：混合蛋黃和鮮奶油，接著離火，慢慢加入絲絨濃醬中，一邊攪拌。將雙耳深鍋再度開火，攪拌至再度煮沸，接著用漏斗型網篩過濾，淋在肉塊上，加入蘑菇、小洋蔥，預留備用。

8› 煮中東香料黑野米燉飯（見608頁的技巧）。

9› 擺盤：在圓形餐盤上，將燉小牛肉擺在中央，放上轉削出花紋不上色亮面煮的蘑菇，一旁放置蔬菜束（胡蘿蔔、韭蔥、西洋芹、洋蔥）、用壓模塑型的中東香料黑野米燉飯，和幾顆切成4等分的不上色亮面煮小洋蔥。用細鹽和胡椒調味。

BLANQUETTE DE VEAU
白醬燉小牛肉

奧利弗・拿斯蒂Olivier Nasti，巴黎斐杭狄導師會議成員，2007年MOF法國最佳職人。

等級 3

✻✻✻

6人份
準備時間：1小時
烹調時間：2小時

INGRÉDIENTS 材料
小牛肩肉（épaule de veau）1.4公斤

garniture aromatique調味蔬菜
西洋芹250克
胡蘿蔔400克
洋蔥200克（鑲1顆丁香）
韭蔥75克
香料束1束
巴黎蘑菇25克

duxelles de champignons蘑菇泥
切碎的紅蔥頭15克
巴黎蘑菇200克
平葉巴西利50克
奶油20克

farce fine de veau小牛肉餡
小牛胸腺300克
澄清奶油（見66頁）
切碎的小牛肉（肩肉）400克
蛋白60克
法式酸奶油（crème fraîche）300克
胡椒1克
鹽9克

garnitures配菜
胡蘿蔔300克
鈕扣蘑菇／洋菇200克
珍珠小洋蔥（oignon grelot）300克
迷你韭蔥250克
平葉巴西利（用來製作迷你小牛腸 mini-quenelles de veau）

sauce blanquette白醬
奶油30克
麵粉30克
小牛高湯500毫升
法式酸奶油200克
蛋黃2個

fiition 最後完成
切碎的青蔥（Cébette ciselée）
切碎的細香蔥

USTENSILES用具
食物調理機
爲小牛肉塑型的不鏽鋼方形模或模板（Cadre ou plaque en Inox）
蒸烤箱

師承偉大主廚，奧利弗・拿斯蒂的特質是嚴謹與高標準。他的料理具有很高的技術，但這名主廚只想達到一個目標：讓顧客開心，以及發揮食材的特色。

開始煮肉：燙煮整塊的小牛肩肉，接著和調味蔬菜（切成4塊的胡蘿蔔、西洋芹莖和完整的韭蔥）一起煮。烹煮期間仔細撈去浮沫，煮約2小時30分鐘。

製作油糊：將奶油加熱至融化，加入麵粉，翻炒一會兒，但不要上色，放涼。這將用於白醬中。

蘑菇泥：將紅蔥頭切碎，將蘑菇切成小丁，並將平葉巴西利切碎。用奶油將紅蔥頭炒至出汁，加入蘑菇，調味。用大火炒至水分完全蒸發。最後再加入切碎的平葉巴西利。

小牛肉餡：燙煮小牛胸腺，切小塊，以澄清奶油煎熟，預留備用。用食物調理機攪打小牛肩肉，加入蛋白，並用網篩過濾。將酸奶油打發，接著加入小牛胸腺和200克的蘑菇泥及切碎的細香蔥。將這肉餡預留備用（其中的200克用來製作迷你肉丸）。

完成肉的烹煮：將小牛肩肉傾析（瀝乾），用漏斗型網篩過濾烹煮高湯，接著將湯汁收乾一半。將小牛肩肉橫切成二塊。第一層先將肉塊擺在不鏽鋼模板或方形模或方形瓷盤中，鋪上一層小牛肉餡，再蓋另一塊的小牛肩肉，接著稍微按壓整個肉塊。再放入蒸烤箱中以85℃蒸25分鐘，放涼。切成漂亮的規則塊狀。

配菜食材：轉削胡蘿蔔和鈕扣蘑菇。爲所有蔬菜進行亮面煮（glacer）。用預留的小牛肉餡製作迷你肉丸，一部分保持原味，另一部分加入平葉巴西利。放入芳香的高湯中煮熟。

白醬的完成：將油糊加進煮沸的高湯中。混合酸奶油和蛋黃（濃郁的增稠劑），接著爲白醬進行稠化，它的質地必須如英式奶油醬（sauce anglaise）般可以附著在匙背上。約煮10分鐘。

擺盤：將小牛肉塊放入烤箱烘烤，並經常淋上醬汁。在每個湯盤中倒入白醬，和諧地擺上小牛肉塊，接著加入配菜和最後完成的食材。

— *Recette* —

食譜出自

奥利弗·拿斯蒂 OLIVIER NASTI, LE CHAMBARD ** (凱塞爾斯貝爾 KAYSERSBERG)

等級 1

*

CARRÉ DE VEAU POÊLÉ, LAITUES BRAISÉES

嫩煎小牛肋排佐煨萵苣

6人份
準備時間：2小時
烹調時間：1小時30分鐘

INGRÉDIENTS 材料

3根肋排的小牛里脊（約1.5公斤）1塊
花生油50毫升
奶油50克

Garniture aromatique pour les laitues braisées
煨萵苣的調味蔬菜
球形萵苣6顆
胡蘿蔔100克
洋蔥100克
西洋芹50克
小牛基本高湯（見24頁）2公升
豬皮（couenne de porc）200克
香料束1束
奶油

Garniture aromatique fond de poêlage
煎炒高湯的調味蔬菜
胡蘿蔔100克
洋蔥200克
紅蔥頭100克
番茄200克
香料束1束
馬德拉酒（madère）150毫升
棕色小牛高湯（見36頁）1.5公升

USTENSILES 用具

料理刷
漏斗型網篩

1› 煨萵苣：修整（切下）萵苣的根部，然後清洗萵苣。取下6片漂亮的鮮綠葉片（最後完成用），以大火燙煮（3分鐘），然後將葉片和整顆的萵苣分別進行英式汆燙（加鹽沸水）。放入冰水中以中止加熱，接著瀝乾，預留備用。將製作煨萵苣用的調味蔬菜切成小塊，用奶油炒至出汁，但不要上色。

2› 在適當的鍋具中，將萵苣尖端朝向中央擺放，調味，用小牛高湯淹過，放入香料束，蓋上豬皮、圓形烤盤紙，加蓋，入烤箱以180℃（熱度6）烘烤1小時至1小時15分鐘（依萵苣的大小而定）。

3› 出爐時，將萵苣擺在網架上瀝乾，用漏斗型網篩過濾煨煮湯汁，然後加以濃縮。將萵苣切半，去掉菜心，用刷子爲萵苣刷上濃縮的煨煮湯汁，將萵苣左右折入，形成圓錐狀。

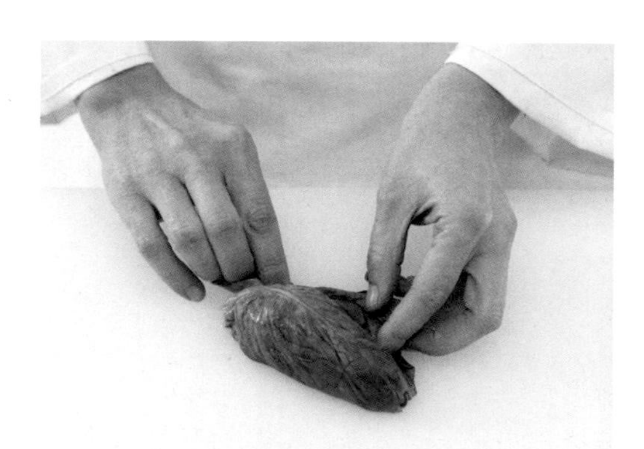

4› 再爲萵苣刷上煨煮湯汁，每顆萵苣以一片預先燙煮過的葉片包起（如有需要可將葉片切半）。

5› 刷上最後一次煨煮湯汁，讓萵苣覆滿風味。

6› 小牛肋排的處理：見276頁的技巧。將小牛肋排綁上繩子後，就用大量的鹽和胡椒粉調味。將修切下的肉切塊，預留製作煎炒高湯。將煨萵苣用的調味蔬菜切成骰子塊（小方塊）。

7› 準備製作煎炒高湯用的調味蔬菜，將食材切成大塊。

8› 小牛肋排的烹煮：在燉鍋中，融化油和奶油將小牛肋排煎至上色，然後擺入盤中。在燉鍋放入修切下的肉塊，再擺上小牛肋排，將燉鍋加蓋，入烤箱，一樣以180℃（熱度6）烘烤。15分鐘後加入調味蔬菜，爲小牛肋排淋上鍋內的油脂，繼續烤40分鐘（一樣加蓋），接著將蓋子掀開，繼續烤至上色，並經常淋上鍋內的湯汁。將小牛肋排放入烤盤（或餐盤）中，取下繩子，蓋上鋁箔紙，預留備用。將燉鍋開大火，讓食材上色，撈去油脂，接著淋入馬德拉酒去漬（déglacez），並倒入棕色小牛高湯稠化。微滾20分鐘，接著用漏斗型網篩過濾，並將湯汁稍微濃縮。

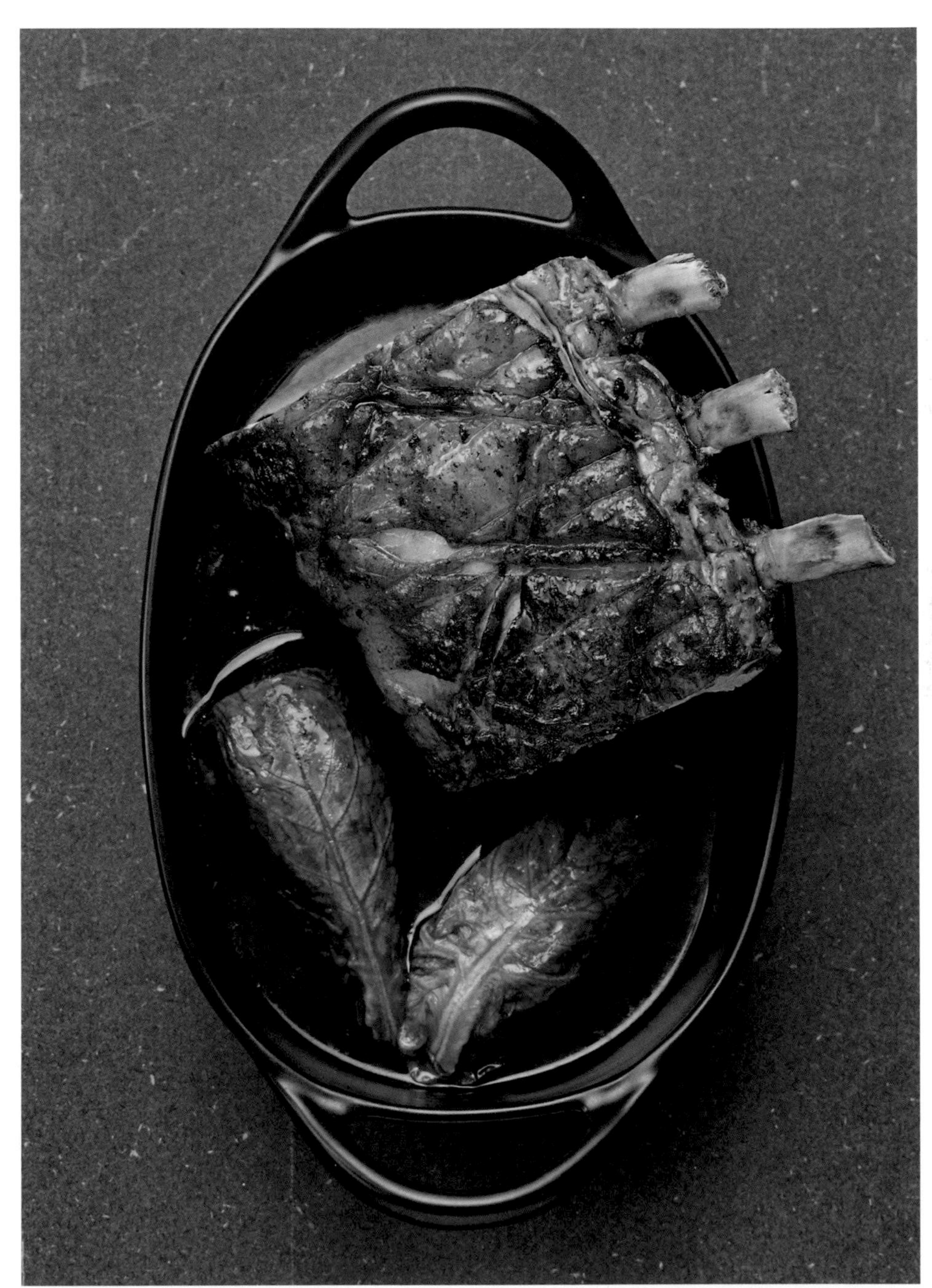

9› 調整調味，接著爲小牛肋排淋上一些烤過的煎炒高湯。將小牛肋排切塊和煎炒高湯一起放入餐盤，接著在一旁擺上萵苣。

等級 2

✻✻

6人份
準備時間：2小時30分鐘
靜置時間：1個晚上（小牛胸腺的部分）
烹調時間：1小時30分鐘

INGRÉDIENTS 材料

小牛胸腺200克
百里香
月桂葉
奶油100克
紅蔥頭1顆
馬德拉酒（madère）200毫升
小牛基本高湯（見24頁）1.5公升

3根肋骨的農場小牛肋排（carré de veau fermier）（約1.5公斤）1塊
西班牙甜臘腸（chorizo doux）200克
花生油100毫升

garniture aromatique pour les laitues braisées
燉萵苣的調味配菜
球型萵苣6顆
紅蔥頭1顆
胡蘿蔔1根
洋蔥1顆
西洋芹1枝
大蒜
白色小牛高湯（見24頁）2公升
香料束1束
豬皮（couenne de porc）200克
奶油60克

garniture aromatique fond de poêlage 煎炒高湯的調味蔬菜
胡蘿蔔100克
洋蔥200克
紅蔥頭100克
番茄200克
香料束1束
馬德拉酒（madère）150毫升
棕色小牛高湯（見36頁）1.5公升

gremolata 義式香草醬
平葉巴西利½小束
大蒜2瓣
柳橙1顆
檸檬2顆
吐司100克

USTENSILES 用具
漏斗型網篩
microplane刨刀

CARRÉ DE VEAU FERMIER LARDÉ AU CHORIZO DOUX, LAITUES BRAISÉES AUX RIS DE VEAU
農場小牛肋排鑲甜臘腸佐小牛胸腺萵苣卷

1›小牛胸腺的準備：前一天，在冷水中加入百里香和月桂葉，以大火燙煮小牛胸腺。放入一盆冰水中冰鎮，去掉不要的部分，然後用布擦乾包起，冷藏一個晚上。隔天，在煎炒鍋中以加熱至起泡的奶油煎小牛胸腺，並在充分上色時取出。在同一個煎炒鍋中，將切成薄片的紅蔥頭炒至出汁，接著倒入馬德拉酒至一半的高度，將湯汁濃縮，然後再倒入小牛基本高湯至一半的高度，再擺入小牛胸腺，放入烤箱，以190℃（熱度6）烘烤20分鐘，其間經常淋上湯汁。將小牛胸腺瀝乾，擺至盤上並淋上燉煮的湯汁。如有必要可將湯汁濃縮，並用濃縮湯汁包覆小牛胸腺。將小牛胸腺擺至盤上並切丁。保留作爲萵苣填餡用。

2›煨萵苣：見前一頁食譜的步驟1和2。

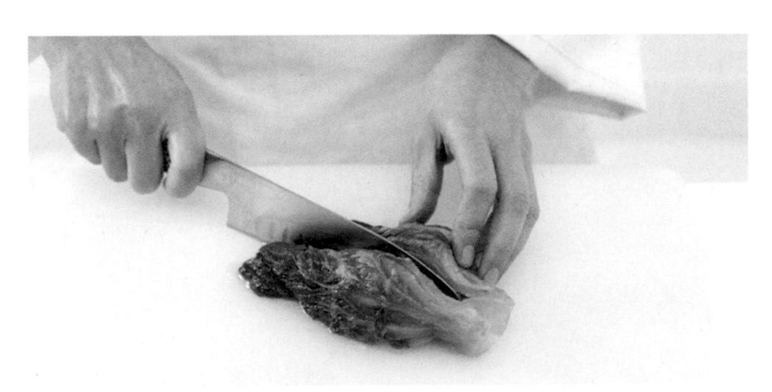

3›萵苣一煮熟就擺在網架上，用漏斗型網篩過濾煨萵苣的湯汁，如有需要可加以濃縮。將萵苣切半，和奶油混合，去掉根部、菜芯，接著用刷子爲內部刷上濃縮的煨煮湯汁。

4›用湯匙舀入煨煮的小牛胸腺肉丁。

5›將切半的萵苣左右折入，用刮刀折成圓錐狀。再爲萵苣背面刷上煨煮湯汁，讓萵苣充滿風味。

6›用事先燙過還富有彈性的萵苣葉包起（如有需要可切成兩半）。

7›小牛肋排的處理：將西班牙臘腸去皮並切成條狀，擺在烤盤紙上，冷凍。修整小牛肋排（見276頁的步驟技巧），接著用繩子綁起。將臘腸條用肥肉餡灌注針（lardoire）塞進小牛肋排中，讓臘腸條在切片時可以均勻地分佈。用大量的鹽和胡椒粉調味。將修切下的肉切塊，保留作爲煎炒高湯用，將調味配菜切成骰子塊，製作香料束並預留備用。

8›製作調味蔬菜。將食材切成大丁。

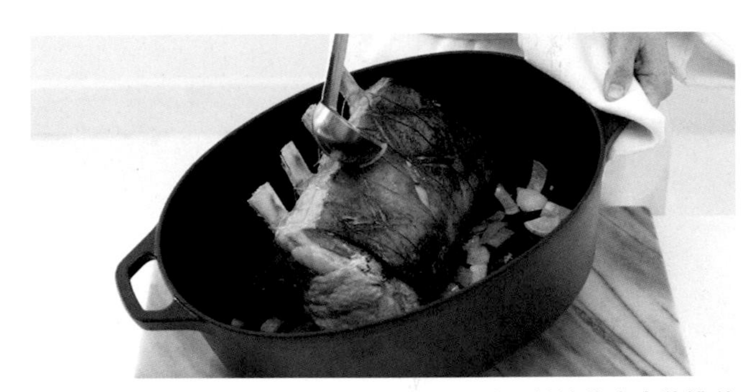

9›小牛肋排的烹煮：在大型燉鍋中，用油和奶油將小牛肋排煎至上色，接著放入盤中。將修切下的肉放入燉鍋，再放入小牛肋排，加蓋並烘烤。15分鐘後加入調味蔬菜，爲肉塊淋上燉鍋內的油，然後繼續烘烤，一樣蓋著蓋子，烘烤40分鐘。最後掀開蓋子烘烤，並經常淋上烹煮湯汁，烤至上色。

10›將小牛肋排擺至烤盤（或餐盤）中，將繩子剪開，蓋上鋁箔紙。再將燉鍋開大火，將湯汁煮至上色，撈去油脂，倒入馬德拉酒去漬（déglacez），濃縮原汁，接著再淋上小牛高湯稠化（添加油糊讓高湯變得濃稠），然後微滾20分鐘。用漏斗型網篩過濾，將湯汁稍微濃縮，調整調味，接著在烤箱口爲小牛肋排淋上煎炒高湯以增加光亮glacez（淋上湯汁，讓小牛肋排充滿光澤），再進行分切。

11›製作義式香草醬：將吐司切成形狀分明的小麵包丁，入烤箱以120℃（熱度4）烤至上色。將平葉巴西利的葉片摘下，切成細碎，同樣將大蒜切碎。用microplane刨刀取下柳橙和檸檬皮，然後在切片的小牛肋排旁撒上混合好的平葉巴西利、橙皮和麵包丁，放上燉萵苣，搭配以醬汁杯裝的煨煮湯汁上菜。

等級 3

✻✻✻

6人份
準備時間：3小時
烹調時間：45分鐘

INGRÉDIENTS 材料
小牛肋排（前3根肋骨）1塊
新鮮牛肚蕈（cèpes）（中型大小）6朵
＋配菜雜燴的牛肚蕈

farce de champignons 蘑菇餡
小牛的大腿肉（noix de veau）150克
法式酸奶油（crème fraîche）100毫升
巴黎蘑菇150克
紅蔥頭1顆
切碎的平葉巴西利1大匙
奶油50克（用於二次的烹煮和鋁箔紙）
鹽

brochette margaridou
les croquettes coulantes
馬賈西度串的爆漿酥球
乾燥羊肚蕈（morilles séchées）200克
鮮奶油200克
奶油20克
麵粉20克
在來米粉（farine de riz）100克
蛋白3個
麵包粉（chapelure de pain）200克

小牛胸腺500克

sauce Périgueux 佩里克醬汁
紅蔥頭2顆
波特紅酒（porto rouge）200毫升
小牛原汁（見50頁）200毫升
松露原汁（jus de truffes）100毫升
新鮮黑松露20克
奶油15克

新鮮羊肚蕈（morilles fraîches）200克
紅蔥頭1顆
澄清奶油60克
諾麗帕苦艾酒（Noilly Prat）100毫升
鹽、胡椒

生火腿（jambon cru）1片

USTENSILES 用具
烹飪溫度計
半球形矽膠模（20公釐）
漏斗型網篩
竹籤（Piques à brochette）

CARRÉ DE VEAU EN ÉCAILLES DE CÈPES ET BROCHETTE MARGARIDOU

牛肚蕈鱗片小牛肋排佐馬賈西度串

雷吉・馬康 Regis Marcon，巴黎斐杭狄導師會議成員。

2004年，在雷吉・馬康的兒子傑克（Jacques）加入後，雷吉的餐廳從不推出固定的菜單。他料理的靈感來自於季節，從食材中研發菜單，他的菜餚就像是傳統與創新之間的複雜變化。

請您的肉販爲您修整小牛肋排，並將肋骨露出。

蘑菇餡和小牛肉的準備：將小牛的大腿肉切丁，接著用電動攪拌器打成膏狀。加入鹽、酸奶油，再度攪打至形成平滑帶有光澤的肉泥。冷藏保存。將蘑菇切成小丁，將紅蔥頭切碎，在平底煎鍋中用核桃大小的奶油將紅蔥頭炒至出汁，接著加入蘑菇、1撮鹽，不加蓋炒5分鐘。最後加入切碎的平葉巴西利，調整調味，然後將這碎蘑菇加入小牛肉餡中。

肉的準備和烹煮：將烤箱預熱至120℃（熱度4）。將肉餡鋪在小牛肋排朝外的表面，鋪約3公釐的厚度。將牛肚蕈切片，接著用加熱至起泡的奶油煎1分鐘。在盤子上放涼，接著將這些牛肚蕈片像鱗片般漸層地擺在小牛肋排的圓弧側（朝外的一面）。爲鋁箔紙塗上奶油，然後鋪在鱗片上用以固定，接著將小牛肋排烘烤20分鐘。將溫度調低爲80℃（熱度3）使小牛肋排中心溫度達58℃（使用烹飪溫度計）。將小牛肋排取出保溫。

爆漿酥球：前一天，將乾燥羊肚蕈泡水。瀝乾，收集湯汁，將湯汁收乾3/4，接著加入鮮奶油並預留備用。用奶油和麵粉製作油糊，摻入一些羊肚蕈湯汁，煮沸後再續煮幾分鐘，接著加入預留的鮮奶油，調整調味，用漏斗型網篩過濾，然後倒入半球形模型中。冷凍10小時。冷凍完成，將半球形備料脫模，在平底煎鍋中將平坦的那一面加熱，接著兩兩相黏，製成圓球狀。爲這些球依序裹上在來米粉、打好的蛋白和麵包粉，再重複一次完整的步驟後冷凍保存。

小牛胸腺：剔除小牛胸腺的筋，用保鮮膜包裹成香腸狀，接著放入80℃的水中煮6分鐘，撈起放入冰水中冷卻，預留備用。

佩里克醬汁：修整紅蔥頭並切成薄片，接著和波特酒一起放入平底深鍋中，煮至濃縮剩下2/3。加入小牛原汁，續煮30分鐘，將醬汁過濾後預留備用。

羊肚蕈：揀選新鮮羊肚蕈並清洗，仔細瀝乾（讓羊肚蕈保持完整）。將紅蔥頭修整、切碎，在平底煎鍋中以30克的澄清奶油炒至出汁，倒入苦艾酒，將湯汁收乾，接著加入羊肚蕈，加蓋，續煮30分鐘後調味。

最後完成：將烤箱預熱至150℃（熱度5）。爲小牛胸腺撒上麵粉，輕拍以抖落多餘的麵粉，接著在上菜前以30克的澄清奶油煎2分鐘至上色。在180℃油炸鍋中油炸尚未解凍的酥球5分鐘。將生火腿切片。在佩里克醬汁中加入奶油、一些松露原汁和切碎的松露。

擺盤：以竹籤串起煎至焦糖色的小牛胸腺、生火腿片、完整的羊肚蕈和一顆爆漿酥球。將小牛肋排切片盛盤，擺上馬賈西度串，並搭配一旁的佩里克醬汁上菜。

— *Recette* —

食譜出自

雷吉·馬康 RÉGIS MARCON, RÉGIS ET JACQUES MARCON ***

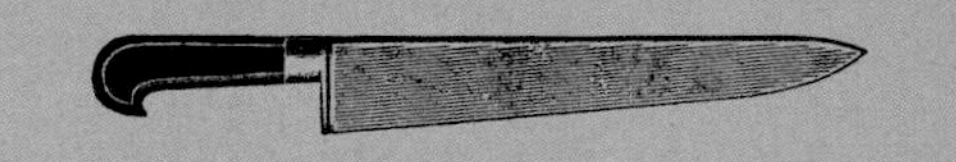

LE BŒUF
牛肉

等級 1

✻

BŒUF-CAROTTES
胡蘿蔔牛肉

6人份
準備時間：2小時
烹調時間：3小時

INGRÉDIENTS 材料
牛頰肉（joue de bœufs）1.5公斤
胡蘿蔔120克
西洋芹900克
洋蔥75克
紅蔥頭75克
紅葡萄（raisin rouge）150克
胡椒粒
丁香1顆
柳橙皮1顆
高單寧紅酒（vin rouge tanique）1.5公升
波特酒（porto）750毫升
濃縮番茄糊（Concentré de tomates）
麵粉
棕色小牛高湯（見36頁）1.5公升
黑醋栗香甜酒（crème de cassis）150毫升

***garnitures*配菜**
橙色大型胡蘿蔔（grosse carotte orange）1.8公斤
奶油200克
家禽基本高湯（見24頁）1公升
液狀鮮奶油150毫升
抱子甘藍（choux de Bruxelles）200克
柳橙1顆
油炸用油1公升

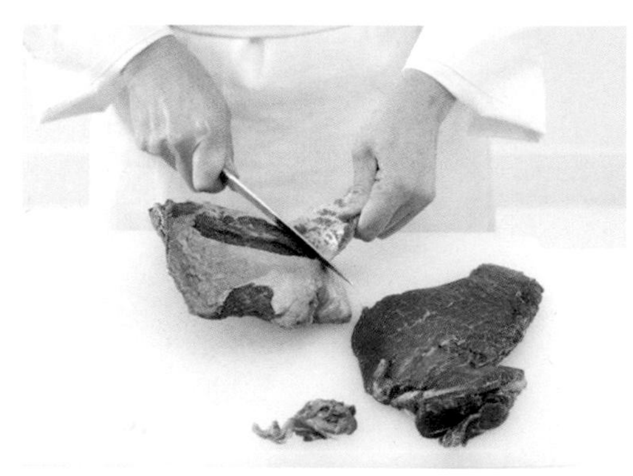

前一天

1▸ 牛頰肉的處理：爲牛頰肉清除周圍可能存有的皮和神經組織。

2▸ 將整塊肉用切成小丁的胡蘿蔔、西洋芹、洋蔥和紅蔥頭、紅葡萄、柳橙皮、紅酒和波特酒醃漬。

隔天

1▸ 牛頰肉的烹煮：將牛頰肉瀝乾，將調味蔬菜和醃漬醬汁擺在一起預留備用。在燉鍋中將牛頰肉煎至上色，擺入盤中備用。

2▸ 在同一個燉鍋中，將調味蔬菜炒至出汁。加入濃縮番茄糊，將所有材料稍微煮一會兒，接著加入一些麵粉，再加熱一會兒。將牛頰肉放回燉鍋中，加蓋，接著放入預熱至140℃的烤箱中烤3小時。

3▸ 煮好後，再將牛頰肉切成6份，預留備用。將烹煮湯汁濃縮至形成會附著在湯匙背的質地。如有需要可用澱粉加以稠化，調整調味並加入黑醋栗香甜酒。

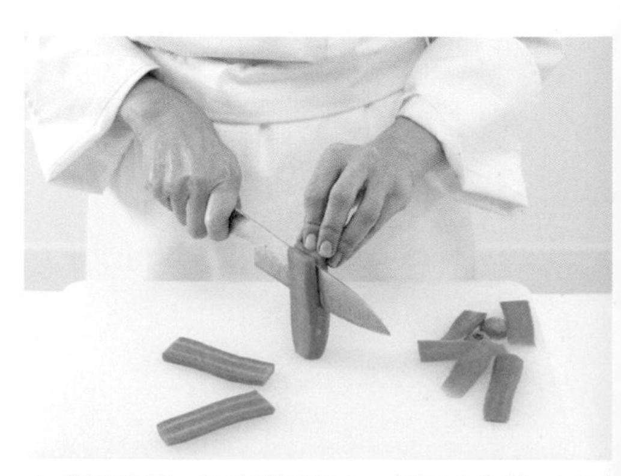

4▸ 製作配菜：將胡蘿蔔削皮，修切成片狀，再切成7公分長，2公分寬2公分厚的片狀。

5› 在大型煎炒鍋中將奶油加熱至融化，在奶油起泡時加入胡蘿蔔，以融化的奶油包覆，接著加入家禽基本高湯。煮至刀尖可輕易插入胡蘿蔔爲止。

6› 保留胡蘿蔔尖端（將用來製作脆片），其他切下的胡蘿蔔製作果泥。先進行英式汆燙（加鹽沸水），再用電動攪拌器攪打，和液狀鮮奶油調和。果泥必須保持濃稠，才能讓果泥立於方形胡蘿蔔塊上。

7› 抱子甘藍的葉片摘下，並保留大片的綠葉。用沸水燙煮1分鐘，立刻放入大量的冰水中冷卻。

8› 製作胡蘿蔔脆片，用刨切器將預留的胡蘿蔔尖端切成薄片，接著放入140℃的油中炸至金黃酥脆。

9› 將柳橙去皮，取出完整的果肉（去掉皮和白色中果皮部分，只保留果肉一見652頁），將果瓣（每層膜之間的果肉）一瓣瓣取下，務必要收集果汁，然後將果瓣預留備用，接著擠壓柳橙的皮膜，以榨出剩餘的果汁。將獲得的果汁加入已收集的果汁中，加熱濃縮至形成糖漿般的質地，這將用於裝飾。

10› 擺盤：在盤子的左半部將牛頰肉在盤中放成漂亮的球狀，以網篩過濾淋上醬汁。在周圍擺上少許牛頰肉醬汁作爲裝飾，並和濃縮柳橙汁交替使用。將方形胡蘿蔔塊擺在盤子右半部，鋪上果泥並插上胡蘿蔔脆片，盡可能和諧地擺上抱子甘藍葉、柳橙果瓣。上菜時再將醬汁淋在牛頰肉上。

等級 2

✻✻

JOUE DE BŒUF, CRAYONS DE COULEUR DE L'ÉCOLIER

牛頰肉佐小學生彩色鉛筆

6人份
浸漬時間：24至48小時間
準備時間：2小時
烹調時間：3小時

INGRÉDIENTS 材料
紅酒1.5公升
波特酒（porto）1公升
牛頰肉（joue de bœufs）2公斤
牛肉原汁（jus de bœufs）2公升

garniture aromatique *調味蔬菜*
西洋芹200克
洋蔥200克
胡蘿蔔200克
整根肉桂棒（bâton de cannelle entier）20克
糖150克
整顆麝香黑葡萄（raisin noir muscat entier）200克
丁香20克
杜松子（baies de genièvre）20克

garnitures *配菜*
骨髓（moelle）60克
醋
檸檬20克
紅蔥頭10克
糖漬檸檬（citron confit）1顆
奶油
大型紫蘿蔔1公斤
大型黃蘿蔔1公斤
大型橘蘿蔔1公斤

USTENSILES 用具
食物研磨器
鉛筆大小的日式壓模

1› 調味蔬菜：將西洋芹、洋蔥和胡蘿蔔切成小塊（見432頁）。

2› 在大型雙耳深鍋（faitout）中倒入紅酒和波特酒，煮沸，點火燄燒（flamber），接著在火焰熄滅時加入調味蔬菜的所有材料。放涼，放入牛頰肉，並於陰涼處醃漬24至48小時。

3› 在這段時間後，將肉和調味蔬菜分別瀝乾。保留醃漬汁。在燉鍋中，用些許油脂將整塊的牛頰肉煎至上色，接著加入調味蔬菜，炒幾分鐘至出汁，然後倒入預留的醃漬汁。這時再淋上牛肉原汁，續煮2至3小時至肉的纖維鬆開。

4› 一煮好就趁熱用壓模將肉分爲6份，以隔水加熱的方式加蓋保溫。將煨煮湯汁保留備用。

5› 製作配菜：將骨髓放入加醋的冰水中，讓骨髓排除雜質約30分鐘。

6› 取下檸檬皮，入烤箱以120℃（熱度4）烘乾，接著用食物研磨器磨成粉。將紅蔥頭切碎。把糖漬檸檬切成小丁。

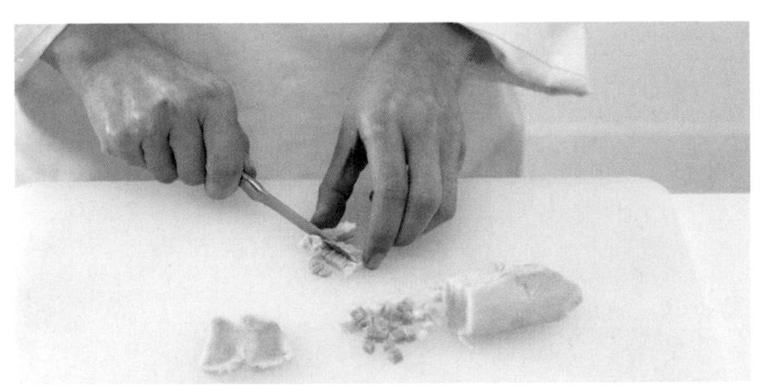

7› 將骨髓撈起瀝乾後切成小丁。

8› 用奶油將切碎的紅蔥頭炒至出汁，接著將紅蔥頭、糖漬檸檬和骨髓小丁混合，預留備用。

9› 將3種胡蘿蔔削皮並切成直徑1.5公分的規則圓柱狀（可使用日式壓模），接著將末端削成鉛筆狀（或使用壓模）。整根放入加鹽沸水中煮。放涼後裁成8公分長的大小。用檸檬皮粉、鹽、胡椒調味。用胡蘿蔔修切下碎屑製作3種不同顏色的蔬菜泥。

10› 最後完成：將煨煮湯汁濃縮至形成接近糖漿般的質地，可淋在牛頰肉上。在平底煎鍋中用一些奶油加熱胡蘿蔔鉛筆。在每個盤中舀上3種胡蘿蔔泥，每種胡蘿蔔泥擺上2根同色的胡蘿蔔鉛筆，接著放上牛頰肉並淋上濃縮的煨煮湯汁，最後再以骨髓和糖漬檸檬裝飾。

等級 3

✻✻✻

LE FILET DE BŒUF FERMIER PURE RACE AUBRAC, LARDÉ, RÔTI À LA BROCHE, ÉCHALOTES RÔTIES ET CONDIMENT CAROTTE

烤歐巴克純種農家牛排夾豬脂，佐烤紅蔥頭與胡蘿蔔

米歇爾·帕（Michel Bras）

6人份
準備時間：1小時
烹調時間：20分鐘

INGRÉDIENTS 材料
科隆納塔豬背脂（lard épais de Colonata）500克
每塊500克的牛里脊肉（filet de bœufs）2塊

chips et les échalotes
脆片與紅蔥頭
大型的班杰（bintje）馬鈴薯4顆
澄清奶油（見66頁）120克
漂亮的長形紅蔥（belles échalotes）12顆
半鹽奶油200克

condiment à la carotte *胡蘿蔔佐料*
胡蘿蔔500克
柳橙汁125克
茴芹（anis vert）3克
新鮮生薑20克
鹽5克

USTENSILES 用具
火腿切片機
刨切器

在天地相親的歐巴克（Aubrac）高原中央設立餐廳，米歇爾·帕和聖巴斯堤安（Sébastien）（他的兒子）每天料理著大自然，爲他們的顧客提供總是富含豐沛情感的美食之旅。

豬脂與牛里脊的準備：用切片機將豬脂切成厚3公釐的薄片，或請肉販幫忙處理。將牛里脊縱向切開，但底部不要切斷，將豬脂片鋪滿牛里脊的整個表面，接著將切開的牛里脊合起，用繩子綁起，但不要綁太緊。

脆片與醃漬紅蔥頭：將馬鈴薯削皮並擦乾淨，但不要清洗，用刨切器盡可能切薄，接著再切成20條6公分的馬鈴薯條，擺在鋪有烤盤紙的烤盤上並相互交疊1/3。爲馬鈴薯條刷上澄清奶油，接著放入預熱至130℃（熱度4）的烤箱烘乾約30分鐘（必須形成酥脆半透明的質地）。修整並清洗紅蔥頭，接著放入加鹽的沸水中，以大火燙煮3分鐘。在燉鍋中放入奶油和長形紅蔥，以小火緩慢地浸煮，煮好後加以保溫。

胡蘿蔔佐料：將胡蘿蔔削皮並清洗，接著用電動攪拌器攪打所有食材，過濾以收集果泥。

最後完成：用電轉烤肉架（rotissoire）烤牛肉塊。熱度的掌控對這道料理來說不可或缺：一開始最好先以大火烤肉塊，讓肉變得軟嫩，接著讓肉塊和熱源之間保持距離（最好用最小的火力）。完成後，讓肉塊在微溫處靜置20分鐘，蓋上烤盤紙，接著分成6份。您也能以預熱至190℃（熱度6-7）的烤箱烤里脊肉15分鐘，並在烤箱門邊靜置15分鐘。

擺盤：在每個盤中擺上一份牛里脊，用鹽之花和胡椒粉調味，接著將脆片豎起做爲裝飾，接著擺上胡蘿蔔泥佐料。最後放上2顆奶油浸煮的長形紅蔥，並在餐盤上滴幾滴浸煮的奶油做爲裝飾。

— FOCUS 注意 —

科隆納塔豬背脂是用鹽醃漬200克的豬肉，並以香料調味，然後擺在食物儲藏室中，經過漫長的熟成，豬脂將會散發出香料的香氣。切成薄片，再搭配烤麵包品嚐，美味更勝火腿。

— *Recette* —

食譜出自

等級 1

*

TOURNEDOS ROSSINI
羅西尼牛排

6人份
準備時間：40分鐘
烹調時間：30分鐘

INGRÉDIENTS 材料
奶油200克
（用於製作澄清奶油）
吐司6片
150克的菲力牛排（tournedo）6塊
（夏洛來charolais牛里脊的中央部位）
花生油50克
每片50克的漂亮圓形鴨肝片6片
鹽12克
白胡椒2克
漂亮的黑松露（truffe melanosporum）6片
肉濃縮凍（glace de viande）50克
（濃縮牛釉汁demi-glace concentrée—見22頁）50克
奶油100克
（用於煮肉和安娜馬鈴薯派）

***sauce Périgueux* 佩里克醬汁**
修切下的牛肉
奶油
綜合胡椒粒6克
松露原汁（jus de truffe）15克
稠化的小牛原汁（jus de veau lié）
（見50頁）600毫升
切碎的黑松露12克

USTENSILES 用具
菲力牛排大小的圓形壓模

— FOCUS 注意 —

您可搭配馬鈴薯舒芙蕾（pomme soufflée）或安娜馬鈴薯派（pommes Anna）（見510頁的技巧）來享用這道菜。

1› 佩伊格醬汁：用奶油和綜合胡椒粒翻炒修切下的牛肉，淋上松露原汁，接著倒入稠化的小牛原汁，濃縮至醬汁可以附著在匙背上。調整調味並預留備用。

2› 奶油的澄清：在平底深鍋中，以小火將奶油加熱至融化，讓奶油和乳清（petit-lait）分離，靜置一會兒，接著將上層奶油倒入容器中，務必要讓乳清留在鍋底。

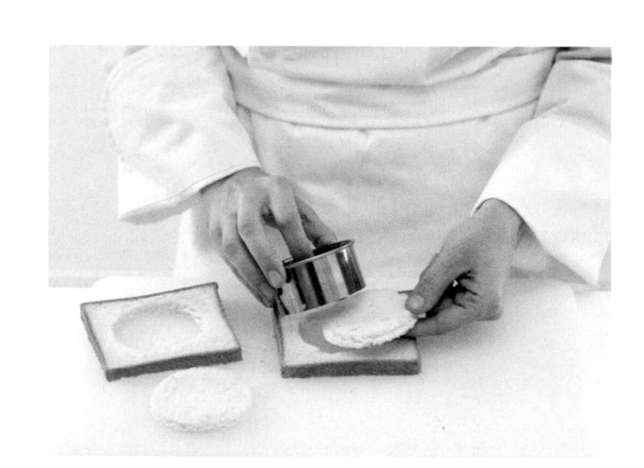

3› 用壓模將吐司裁成圓片。

4› 在平底煎鍋中用澄清奶油油炸圓形的吐司片。在將吐司炸至酥脆時，將麵包片瀝乾，預留備用。

5› 在平底煎鍋中，用花生油將菲力牛排煎至想要的熟度，預留備用。同一時間，在熱的平底煎鍋中將鴨肝片煎至漂亮的金黃色（可自行決定要不要裹粉）。進行調味。

6› 擺盤：爲麵包脆片塗上肉濃縮凍（讓麵包脆片不會被肉汁穿透），擺上菲力牛排，接著是熱的鴨肝片，放入熱烤箱中烤1分鐘。

7› 在每片肥肝上擺上松露薄片。擺在餐盤或碟子上，淋上佩伊格醬或將醬汁擺在一旁上菜。

等級 2

✻✻

6人份
準備時間：40分鐘
烹調時間：30分鐘

UN DIAMANT NOIR DANS UN TRÉSOR ENVELOPPÉ DE RICHESSE

黑鑽藏寶盒

INGRÉDIENTS 材料

無油脂沙朗牛肉（contre-filet de bœufs sans graisse）800克
奶油50克
花生油50克
30克的黑松露1塊

cœur Rossini 羅西尼核心

60克的黑松露1塊
熟肥肝（foie gras cuit）120克
罐裝松露油（huile de truffe）10克

purée de pommes de terre 馬鈴薯泥的部分

班杰（bintje）馬鈴薯500克
牛乳150克
罐裝松露油50毫升
切碎的松露12克
奶油300克
粗鹽

sauce Périgueux 佩里克醬

修切下的肉塊
奶油
綜合胡椒粒6克
松露原汁15克
稠化小牛原汁（見50頁）600毫升
切碎的黑松露12克

pommes Maxim's 烤馬鈴薯脆片環

班杰馬鈴薯600克
澄清奶油（見66頁）300克
鹽

fiition 最後完成

金箔（feuilles d'or）6片

USTENSILES 用具

直徑3公分的半球狀矽膠烤模
直徑8-10公分的不沾塗層烤模6個
直徑4公分的圓柱狀日式壓模
挖球器

1 羅西尼核心：用挖球器挖出5公釐的松露球，預留備用。

2 用網篩過濾熟肥肝。

3 將肥肝和切碎的松露和松露油混合，接著倒入半球狀矽膠烤模（共12個）中，在每個模型中央放入1顆松露球。

4 接著將半球狀模型兩兩相黏合，加以冷凍。

5 肉的準備：修整（清潔）肉塊，去掉脂肪，保留修切下的肉塊作爲製作原汁使用。將沙朗牛肉縱切成兩半，用保鮮膜包起形成香腸狀，將兩條肉腸冷凍。

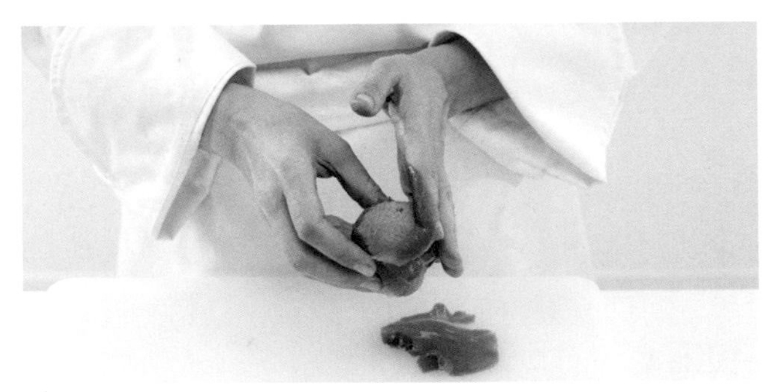

6 冷凍完成後，將肉腸切成厚1公釐的薄片，然後一片片接續貼在肥肝球上（每顆球80克），每一片必須規則且勻稱。

7 製作馬鈴薯泥：將整顆馬鈴薯擺在一層粗鹽上烤熟，接著用網篩過濾，只收集薯泥的部分。如有需要，可在平底深鍋中以文火將馬鈴薯泥烘乾，然後用微滾的牛乳、松露油、切碎的松露和奶油攪打馬鈴薯泥。調整調味並預留備用。

8 製作烤馬鈴薯脆片環：用日式壓模，先將馬鈴薯削皮，壓成管狀，再切成圓形薄片，浸入澄清奶油中，再擺入不沾塗層烤模內，排成緊密的圓花狀。用烤箱烘烤後以鹽調味，然後保溫備用。

9 製作佩里克醬汁：用奶油和綜合胡椒粒翻炒修切下的肉塊，淋上松露原汁，接著倒入稠化的小牛原汁，濃縮至醬汁能夠附著在匙背上。調整調味並預留備用。

10 擺盤：在煎炒鍋中將肉球烤至想要的熟度，接著將整顆球或切半後擺盤。擺在烤馬鈴薯脆片環上，加入一些烹煮的肉汁。在一旁擺上醬汁和馬鈴薯泥。以金箔裝飾。

等級 3

✻✻✻

6人份
準備時間：45分鐘
烹調時間：1小時15分鐘

INGRÉDIENTS 材料

bœuf牛肉
牛里脊950克
肥肝150克（2塊）
鹽12克

garnitures配菜
吐司3片
澄清奶油（見66頁）60克
紅洋蔥（oignons rouges）300克
波特酒300毫升
帶葉胡蘿蔔12根
馬鈴薯250克
（馬鈴薯泥200克）
牛乳250毫升
水100克
核桃油（huile de noix）20克
洋菜4克
卡帕型卡拉膠（kappa）3克
鹽、胡椒

jus de bœufs牛肉原汁
牛肉原汁300毫升
松露15克
奶油30克
胡椒粉

décoration裝飾用
細香蔥10克
香葉芹10克
繁縷（mouron des oiseaux）15克
紫芥菜（moutarde métisse）15克
榛果油30毫升

dressage擺盤
葵花油60毫升
奶油25克
鹽之花
黑松露30克

USTENSILES用具
奶油槍＋氣彈

BŒUF ROSSINI REVISITÉ RÔTI DOUCEMENT, TARTELETTE D'OIGNON ROUGE AU PORTO, JUS CORSÉ À LA TRUFFE

蜜烤版羅西尼牛肉佐波特紅蔥迷你塔與濃郁松露醬

克里斯堤翁·戴特鐸（Christian Têtedoie），1996年MOF法國最佳職人。

自幼便受料理所吸引，克里斯堤翁·戴特鐸在叔叔款待他在保羅·博庫斯（Paul Bocuse）的「市場料理La cuisine du marché」用餐時，便找到了自己的志向，當時他只有11歲。他的料理文憑一到手，便朝著二個目標努力：尊重食材，以及讓顧客滿意。

牛里脊的準備：修整牛里脊，縱切成兩半，加鹽，接著插入橫切的肥肝塊。用保鮮膜包起，以62℃蒸烤箱，蒸煮至中心溫度達52℃（若沒有蒸烤箱，就用繩子將肉綁起，以烤箱以90℃、熱度3烘烤，然後用烹飪溫度計測量溫度，中心達52℃）。放涼並預留備用。

製作配菜：

Melba梅爾芭吐司：修整吐司片（去邊），切半，刷上澄清奶油。入烤箱，夾在二個烤盤之間，以150℃（熱度5）烤15分鐘。預留備用。

紅洋蔥：將波特酒收乾一半。將紅洋蔥剝皮並切成薄片，在燉鍋中以小火燉煮。燉煮1小時後加入濃縮的波特酒。

胡蘿蔔：將帶葉胡蘿蔔削皮，在鹽水中燉煮。放入冰水中冷卻，上菜前以奶油增加光亮。

榛果：將去皮榛果放入烤箱，以150℃（熱度5）烘焙15分鐘。

Pommes légères清爽馬鈴薯：先製作馬鈴薯泥再過濾。馬鈴薯泥加入牛乳、水、核桃油、洋菜、卡帕型卡拉膠，煮沸並調味。倒入奶油槍，裝上2顆氣彈，然後噴在矽膠模中。稍微放涼，讓馬鈴薯泥凝固而且能夠用手拿取。

牛肉原汁與松露：在牛肉原汁中加入松露碎屑，用打蛋器一點一點地混入奶油，調整調味。

裝飾：清洗並揀選香草。上菜前和榛果油混拌一下。

擺盤：在每個盤中擺上半片吐司、紅洋蔥、1顆榛果、帶葉胡蘿蔔、香草沙拉及清爽馬鈴薯。為牛里脊調味，用中性油和奶油煎至上色，放入烤箱以180℃（熱度6）烤4分鐘，再靜置至少5分鐘。將牛里脊切塊盛盤，並撒上鹽之花、牛肉原汁和漂亮的松露薄片。

— *Recette* —

食譜出自

克里斯堤翁·戴特鐸 CHRISTIAN TÊTEDOIE, TÊTEDOIE * (里昂 LYON)

ANNEXES
附錄

Table des recettes
食譜列表

LES LEGUMES SECS乾豆類

LES CHAM PIGNONS菇類

LES FRUITS水果

306頁後為經典廚藝聖經II（下冊）內容，
包括：肉類－豬肉、內臟、家禽和野味・蔬菜・穀物・菇蕈・麵食與義麵餃・水果，
與《經典廚藝聖經 I（上冊）》為完整套書，為避免頁碼重疊，採連序編頁的方式。

Table des techniques

技巧列表

LES CHAMPIGNONS菇蕈

球莖蔬菜與香草Les bul bes et fines her bes

LES POMMES DE TERRE馬鈴薯

LES CEREALES穀物

LES PATES ET LES RAVIOLES麵食與義麵餃

LES FRUITS水果

306頁後爲經典廚藝聖經Ⅱ（下冊）內容，
包括：肉類－豬肉、內臟、家禽和野味・蔬菜・穀物・菇蕈・麵食與義麵餃・水果，
與《經典廚藝聖經Ⅰ（上冊）》爲完整套書，爲避免頁碼重疊，採連序編頁的方式。

Table des recettes des chefs associés

合作主廚食譜表

系列名稱 / 大師系列
書　名 / 巴黎斐杭狄法國高等廚藝學校
經典廚藝聖經 I
作　者 / 巴黎斐杭狄 FERRANDI 法國高等廚藝學校
出版者 / 大境文化事業有限公司
發行人 / 趙天德
總編輯 / 車東蔚
文　編 / 編輯部
美　編 / R.C. Work Shop
翻　譯 / 林惠敏
地址 / 台北市雨聲街77號1樓
TEL / (02)2838-7996
FAX / (02)2836-0028
初版一刷 / 2017年8月
定　價 / 新台幣1500元
ISBN / 9789869451420
書　號 / Master 11

讀者專線 / (02)2836-0069
www.ecook.com.tw
E-mail / service@ecook.com.tw
劃撥帳號 / 19260956 大境文化事業有限公司

文字編輯：Michel Tanguy　　攝影：Éric Fénot
風格設計：Delphine Brunet,Émilie Mazère Anne-Sophie Lhomme,Pablo Thiollier-Serrano

❁

巴黎斐杭狄 FERRANDI 法國高等廚藝學校，是高等廚藝培訓領域的標竿。
自1920年，本校已培育出數代的米其林星級主廚、甜點師、麵包師、餐廳經理。
位於巴黎聖日耳曼德佩區（Saint-Germain-des-Prés）的斐杭狄 FERRANDI 每年接收來自全世界的學生，
亦為各國提供具品質保證的大師課程。
本書由校內的教授和最出色的法國主廚合力所完成。

❁

國家圖書館出版品預行編目資料
巴黎斐杭狄法國高等廚藝學校
經典廚藝聖經 I
巴黎斐杭狄 FERRANDI 法國高等廚藝學校 著；-- 初版 .-- 臺北市
大境文化，2017[106] 312面；22×28公分.
（Master；M 11）
ISBN 978-986-94514-2-0（精裝）
1.食譜　2.烹飪　3.法國
427.12　　106009737